FORSCHUNGSBERICHTE DES LANDES NORDRHEIN-WESTFALEN

Nr. 1601

Herausgegeben

im Auftrage des Ministerpräsidenten Dr. Franz Meyers

von Staatssekretär Professor Dr. h. c. Dr. E. h. Leo Brandt

DK 621.73:621.91.07

Prof. Dr.-Ing. Dr. h. c. Herwart Opitz
Dr.-Ing. Wilfried König
Dipl.-Ing. Wolf-Dieter Neumann

Laboratorium für Werkzeugmaschinen und Betriebslehre
der Rhein.-Westf. Techn. Hochschule Aachen

Streuwertuntersuchungen der Zerspanbarkeit
von Werkstücken aus verschiedenen Schmelzen
des Stahles C 45

WESTDEUTSCHER VERLAG · KÖLN UND OPLADEN 1966

ISBN 978-3-663-06407-7   ISBN 978-3-663-07320-8 (eBook)
DOI 10.1007/978-3-663-07320-8

Verlags-Nr. 011601

© 1966 by Westdeutscher Verlag, Köln und Opladen

Gesamtherstellung: Westdeutscher Verlag

Inhalt

1. Einleitung 7
2. Stand der Erkenntnisse 8
3. Aufgabenstellung 14
4. Versuchswerkstoffe 16
5. Zerspanungsversuche 24
6. Zusammenhänge zwischen der Zerspanbarkeit und den einzelnen Kennwerten der Schmelzen 30
7. Untersuchungen über den unterschiedlichen Verschleißangriff der Schmelzen an der Freifläche der Werkzeuge 34
8. Einfluß oxydischer Einschlüsse auf das Verschleißverhalten von Hartmetallwerkzeugen 41
9. Zusammenfassung 47

Literaturverzeichnis 49

1. Einleitung

In der modernen industriellen Fertigung ist es für einen geordneten Fertigungsablauf von großer Bedeutung, daß alle zur Bearbeitung kommenden Werkstoffe eine gute und gleichmäßige Zerspanbarkeit aufweisen [1, 2, 3]. In letzter Zeit sind an verschiedenen Versuchsstellen umfangreiche Zerspanungsuntersuchungen durchgeführt worden mit dem Ziel, der Praxis Richtwerte und Arbeitsunterlagen für eine zweckmäßige und wirtschaftliche Bearbeitung der verschiedensten Werkstoffe zur Verfügung zu stellen [4, 5]. Bei diesen Untersuchungen zeigte sich jedoch, daß verschiedene Schmelzen eines Werkstoffes gleicher Normbezeichnung, Erschmelzungsart und Festigkeit unterschiedlich zerspanbar sein können. Da den Richtwerten in den meisten Fällen nur die Zerspanbarkeitskennziffern einer bestimmten Schmelze eines Werkstoffes zugrunde liegen, stößt die Übertragbarkeit von Richtwerten in der Praxis vielfach auf Schwierigkeiten. Obwohl gerade in den letzten Jahren umfangreiche Untersuchungen über die Ursachen derartiger Unterschiede in der Zerspanbarkeit durchgeführt wurden, konnten sie bis heute noch nicht eindeutig geklärt werden.
Der Bericht schließt an Untersuchungen über den Einfluß verschiedener Schmelzen auf die Zerspanbarkeit von Gesenkschmiedestücken an, über die bereits im Forschungsbericht Nr. 1348 des Landes Nordrhein-Westfalen berichtet wurde.

2. Stand der Erkenntnisse

In der Literatur wird erstmals im Jahre 1956 von SCHAUMANN [5] über systematische Streuwertuntersuchungen der Zerspanbarkeit von Stahlwerkstoffen mit Hartmetalldrehwerkzeugen berichtet. Bei der Auswertung von Zerspanungsversuchen, welche im Auftrage des Ausschusses für wirtschaftliche Fertigung (AWF) in den Jahren 1940–1945 und ab 1950 zur Aufstellung von Richtwertblättern durchgeführt wurden, hatte sich gezeigt, daß das Verschleißverhalten zweier Lieferungen des Stahles C 60 völlig unterschiedlich war, obwohl beide Schmelzen in ihrer chemischen Zusammensetzung und ihren Festigkeitswerten der Norm entsprachen. Umfangreiche Zerspanungsuntersuchungen an insgesamt sechs Schmelzen des Stahles C 60 (DIN 17200), die im normalisierten Zustand von verschiedenen Stahlwerken bezogen wurden, sowie an 15 Schmelzen des Rohrstahles 3 R St Ni V9 (HgN 12115) bestätigten den Hinweis, daß starke Streuungen in der Zerspanbarkeit eines Normwerkstoffes auftreten können. Dabei ließ sich zunächst nicht ermitteln, ob die Unterschiede in der Zerspanbarkeit durch die festgestellten Gefügeunterschiede bedingt oder auf andere Einflußgrößen zurückzuführen waren. Zerspanbarkeitsuntersuchungen der Schmelzen in verschiedenen Wärmebehandlungszuständen zeigten jedoch, daß die einzelnen Werkstoffe im allgemeinen ihre Charakteristik im Verschleißangriff bei verschiedenen Schnittgeschwindigkeiten beibehielten, wobei jedoch die Größe des jeweiligen Verschleißangriffes von den Schnittbedingungen und dem Gefügezustand des Werkstoffes abhing. Die Unterschiede im Verschleißverhalten zwischen einzelnen Schmelzen traten besonders stark bei hohen Schnittgeschwindigkeiten hervor und ergaben Standzeitunterschiede von etwa 10:1, in Sonderfällen sogar von 35:1. Zerspanungsversuche mit Hartmetallen der Zerspanungsanwendungsgruppen P 10 und P 30 zeigten weiterhin, daß die Unterschiede zwischen einzelnen Schmelzen besonders stark bei der verschleißfesteren Hartmetallsorte zutage treten. Dagegen wurden nur vergleichsweise geringe Streuungen bei Verwendung verschiedener Hartmetalle gleicher Zerspanungsanwendungsgruppe ermittelt, die von verschiedenen Herstellern geliefert wurden.

Die Streuung der Zerspanbarkeit von Werkstoffen gleicher Normbezeichnung bei gleicher Wärmebehandlung konnte durch die übliche Materialuntersuchung nicht geklärt werden. Allerdings wurde festgestellt, daß ein Zusammenhang zwischen dem Kolkverschleiß der einzelnen Schmelzen des Stahles C 60 und dem Gesamtrückstand einer Oxidisolierung besteht, wobei die Schmelzen mit geringem Kolkverschleiß einen niedrigen Gesamtrückstand aufwiesen. Bei dem Rohrstahl 3 R St Ni V 90 konnte eine ähnliche Gleichläufigkeit zwischen dem Oxidgehalt und Kolkangriff ermittelt werden.

WEVER, WIESTER, STRASSBURG, OPITZ und FRÖHLICH [6] stellten im Jahre 1956 bei Untersuchungen über den Einfluß der Wärmebehandlung auf die Zerspanbarkeit von Einsatz- und Vergütungsstählen ebenfalls fest, daß erhebliche Streuungen in der Zerspanbarkeit von Werkstücken aus verschiedenen Schmelzen eines Normwerkstoffes auftreten können. Sie konnten entsprechend den Untersuchungsergebnissen von SCHAUMANN weiterhin nachweisen, daß Unterschiede im Standzeitverhalten zwischen verschiedenen Schmelzen der Stähle C 15 und 16 MnCr 5 in sämtlichen Wärmebehandlungen erhalten bleiben. Während sich die Unterschiede in der Zerspanbarkeit bei verschiedenen Wärmebehandlungszuständen auf die Gefügeausbildung zurückführen ließen, konnten die Streuungen in der Zerspanbarkeit verschiedener Schmelzen bei gleicher Wärmebehandlung nicht durch die nur geringfügigen Unterschiede in der Gefügeausbildung erklärt werden. Bemerkenswert ist der Hinweis, daß bei der Zerspanung von Werkstücken aus jeweils einer Schmelze der Stähle C 15 und 16 MnCr 5 starke »Verklebungen« auf der Spanfläche der Drehwerkzeuge beobachtet wurden, die eine Auswertung des Kolkverschleißes unmöglich machten. Über wahrscheinlich ähnliche Erscheinungen hatte bereits SCHAUMANN [5] berichtet, der ebenfalls »Verklebungen« am Kolkauslauf auf der Spanfläche von Hartmetallwerkzeugen bei der Zerspanung bestimmter Schmelzen, die sich durch ein gutes Standzeitverhalten auszeichneten, beobachtet hatte.

Bei seinen Untersuchungen hatte SCHAUMANN [5] festgestellt, daß sich die beobachteten Unterschiede in der Zerspanbarkeit nicht auf Grund der Gefügeausbildung erklären ließen, sondern daß die Ursache hierfür in dem unterschiedlichen Anteil der nicht löslichen Rückstände zu suchen ist. Demgegenüber konnten KÄMMER und WIEST [7] im Jahre 1962 die Schwankungen in der Zerspanbarkeit eines weichgeglühten Stahles C 60 auf eine unterschiedliche Gefügeausbildung zurückführen. So zeigten die schlecht zerspanbaren Schmelzen im Schliffbild noch sehr dichtstreifigen Perlit, während bei den gut zerspanbaren Werkstücken der Zementit im Perlit weitgehend eingeformt war. An Hand von Betriebsversuchen konnte beim Kopierdrehen mit Hartmetallwerkzeugen festgestellt werden, daß hierdurch Standzeitunterschiede von über 100% auftreten können, die zu einem erheblichen Mehraufwand an Vorgabezeiten und Werkzeugkosten führen.

Auf Grund von systematischen Zerspanungsversuchen an Werkstücken aus verschiedenen Schmelzen des Vergütungsstahles Ck 45 nimmt KÖNIG [8] im Jahre 1962 an, daß die Unterschiede im Verschleißverhalten bei gleicher Wärmebehandlung eher mit der Erschmelzung als mit den meist nur geringfügigen Unterschieden in der chemischen Zusammensetzung und der Festigkeit in Zusammenhang gebracht werden können. Es zeigte sich, daß feinkörnig erschmolzene Stähle in nahezu allen Wärmebehandlungszuständen schlechter zerspanbar waren als Grobkornstähle. Schmelzen, die sich durch eine gute oder schlechte Zerspanbarkeit auszeichneten, behielten im allgemeinen ihre Charakteristik im Verschleißverhalten bei verschiedenen Gefügezuständen bei. Weitere Untersuchungen von KÖNIG beschäftigen sich mit dem Umwandlungsverhalten der einzelnen Werkstoffe von Ferrit zu Austenit. In neueren Untersuchungen

[9, 10, 11] über die Ursachen des Kolkverschleißes war gezeigt worden, daß der Span beim Ablauf über die Spanfläche des Drehwerkzeuges in einer dünnen Schicht eine α–γ-Umwandlung durchläuft, und die Zusammensetzung der entstehenden Austenitphase maßgeblich das Reaktionsverhalten und damit den Verschleiß bestimmt. Durch metallographische Untersuchungen über das α–γ-Umwandlungsverhalten und durch Untersuchungen an Spänen, die beim Ablauf von der Spanfläche abgeschreckt wurden, konnte nachgewiesen werden, daß auch ein Zusammenhang zwischen dem Kolkstandzeitverhalten und dem Umwandlungsverhalten bei Werkstoffen gleicher Normbezeichnung besteht. So zeigten die umwandlungsträgen Werkstoffe einen geringen Kolkverschleiß; eine Ausnahme bildeten die Werkstoffe im weichgeglühten Zustand, so daß hier angenommen werden muß, daß noch weitere unbekannte Faktoren den Verschleiß auf der Spanfläche der Werkzeuge bestimmen.

Weiterhin wurde beobachtet [8, 13–16], daß es Werkstoffe gibt, bei deren Bearbeitung mit Hartmetallwerkzeugen eine oxydische Fremdschicht auf der Span- und teilweise auch auf der Freifläche der Werkzeuge auftritt. Die Bildung solcher Beläge, die mit großer Wahrscheinlichkeit bereits von SCHAUMANN [5] und anderen Forschern [6, 12] festgestellt, jedoch nicht gedeutet wurde, kann dazu führen, daß jeglicher Verschleißangriff auf das Werkzeug unterbunden wird. Bei eingehenden Untersuchungen wurde festgestellt, daß die Ursachen zur Bildung dieser verschleißhemmenden Schicht in den Desoxydationsprodukten des Stahles zu suchen sind.

ZIELONKOWSKI [17] stellte im Jahre 1962 fest, daß gut zerspanbare Schmelzen der Werkstoffe Ck 35, Ck 45, C 60 und 16 MnCr 5, deren Kolkstandzeitverhalten bei Einsatz von Hartmetallen der Zerspanungsanwendungsgruppen P 10 und P 30 untersucht wurde, jeweils größere Mengen an Oxideinschlüssen aufwiesen als die schlecht zerspanbaren Stähle. Ein Einfluß der Oxidzusammensetzung an Al_2O_3, SiO_2, FeO, MgO und MnO auf die Größe des Kolkverschleißes ließ sich nicht ermitteln.

Umfangreiche Untersuchungen über die Streuungen in der Zerspanbarkeit von Einsatz- und Vergütungsstählen, über die im Jahre 1963 berichtet wurde [4], zeigten, daß das Auftreten von Oxidbelägen beim Drehen mit Hartmetallwerkzeugen relativ häufig ist. Allerdings bilden sich derartige oxydische Beläge nicht in allen Fällen in ausgeprägter Form aus, sondern es entstehen dünnere Fremdschichten, die den Kolkverschleiß nicht vollkommen verhindern, sondern nur abschwächen. Bei statistischen Untersuchungen über die Streuungen in der Zerspanbarkeit verschiedener Schmelzen von Normwerkstoffen wurde weiterhin festgestellt, daß die Stundenschnittgeschwindigkeiten für den Freiflächenverschleiß bei Einsatz von Werkzeugen aus Hartmetall P 10 am stärksten streuen, während der Kolkverschleiß beim Drehen mit Hartmetall P 30 die geringsten Unterschiede aufweist. Abgesehen von einem hochlegierten Stahl war die Breite der Streubereich der v_{60}-Werte für verschiedene Stahlgruppen bei gleichem Verschleißmerkmal im allgemeinen nur wenig unterschiedlich, woraus gefolgert werden kann, daß die Zusammensetzung des Werkstoffes nur wenig Einfluß auf die Abweichungen ausübt. Untersuchungen über den Einfluß verschiedener

Gefügeausbildungen auf die Zerspanbarkeit zeigten, daß die erreichbaren Verbesserungen durch eine besondere Wärmebehandlung meistens nur innerhalb des möglichen Streubereiches der verschiedenen Schmelzen einer Stahlsorte liegen. Aus den Untersuchungen ergab sich weiter der Hinweis, daß die Art der Stahlherstellung offenbar größere oder zumindest gleich große Möglichkeiten zur Beeinflussung der Zerspanbarkeit bietet wie die Wärmebehandlung oder Legierung.

Die starken Schwankungen in der Zerspanbarkeit von Werkstoffen gleicher Normbezeichnung führten in der automatischen Fertigung zwangsläufig dazu, Möglichkeiten zur Prüfung der Zerspanbarkeit zu entwickeln, die auch für eine Eingangskontrolle geeignet sind. Eine Überprüfung der Zerspanbarkeit einer Werkstofflieferung kann im Betrieb wegen des hohen Material- und Zeitaufwandes durch einen Langzeitversuch, wie es bei Richtwertuntersuchungen notwendig ist, nicht durchgeführt werden. Es werden daher häufig in der Praxis Kennziffern aus Zerspanungskurzversuchen ermittelt, die eine Beurteilung der Zerspanbarkeit erlauben sollen. Hierzu ist eine Reihe von Kurzprüfverfahren entwickelt worden [18, 19], die entweder durch übersteigerte Arbeitsbedingungen oder durch Erfassung nur geringer Verschleißgrößen eine schnelle Aussage ermöglichen. Alle diese Verfahren besitzen jedoch nur einen bestimmten Gültigkeitsbereich. Sie führen zu Fehlern, sobald über diesen Bereich hinaus Aussagen getroffen werden sollen.

Nach Untersuchungen von KOELZER und MARTEN [20] ist das Schnittgeschwindigkeitsteigerungsverfahren, bei dem Schnellarbeitsstahlwerkzeuge zur Prüfung eingesetzt werden, als Kurzprüfverfahren zur Kennzeichnung des Standzeitverhaltens von Werkstoffen gleicher Normbezeichnung beim Bearbeiten mit Hartmetallwerkzeugen gut geeignet. Zur Durchführung des Verfahrens wird nur ein geringer Zeitaufwand benötigt, und die Reproduzierbarkeit der Ergebnisse muß als gut angesehen werden. Die Grenzen des Verfahrens sind nach KOELZER und MARTEN dadurch gegeben, daß die Ergebnisse nur bestimmter Werkstoffgruppen miteinander verglichen werden dürfen, jedoch nicht von Gruppe zu Gruppe. Es wurden folgende Werkstoffgruppen festgelegt: unlegierte Stähle, beruhigte Automatenstähle, Chrom- und Chrom–Mangan-Stähle sowie Chrom–Nickel-Stähle. Aus Abb. 1 kann entnommen werden, daß von den v_{comp}-Werten mit einer Genauigkeit von ungefähr ± 15 m/min auf die Stundenschnittgeschwindigkeit beim Drehen mit Hartmetallwerkzeugen geschlossen werden kann.

In neueren Untersuchungen [4] wurde festgestellt, daß von Ergebnissen aus Kurzprüfverfahren, bei denen Schnellarbeitsstahlwerkzeuge eingesetzt werden, Rückschlüsse auf das Verschleißverhalten von Schnellarbeitsstahl im Langzeitversuch möglich sind; dagegen ist die Übertragbarkeit der Ergebnisse aus Kurzprüfverfahren mit Schnellarbeitsstahlwerkzeugen auf das Standzeitverhalten von Hartmetallwerkzeugen nicht gewährleistet. Es wurde daher ein Verfahren entwickelt, das die Berechnung von $v_{60\,K}$-Werten von Hartmetallwerkzeugen auf Grund eines kurzen Drehversuches mit Hartmetallmeißeln und Spanstauchungsmessungen zuläßt. Für eine große Anzahl von Werkstoffen konnte nachgewiesen

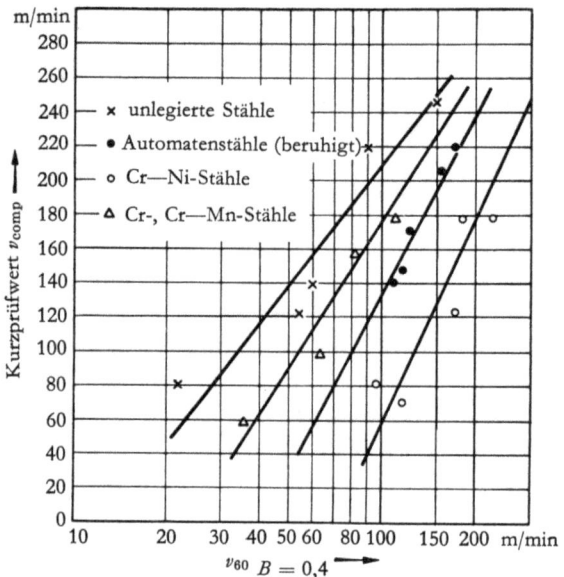

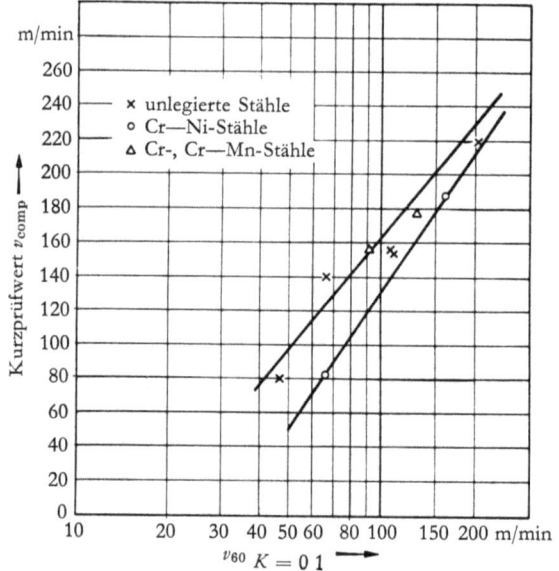

Abb. 1 Zusammenhang zwischen dem Kurzprüfwert v_{comp} und der Stundenschnittgeschwindigkeit $v_{60\,B\,0,4}$ und $v_{60\,K\,0,1}$ [20]
Schnittbedingungen für $v_{60\,B\,0,4}$ und $v_{60\,K\,0,1}$:
Hartmetall P 30; $a \cdot s = 2 \cdot 0{,}24$ mm²
Schnittbedingungen für v_{comp}:
Schnellarbeitsstahl E Co 3; $a \cdot s = 1 \cdot 0{,}06$ mm²

werden, daß sich die Stundenschnittgeschwindigkeiten nach dieser Methode mit einer Genauigkeit von ± 17,5 m/min ermitteln lassen (Abb. 2).

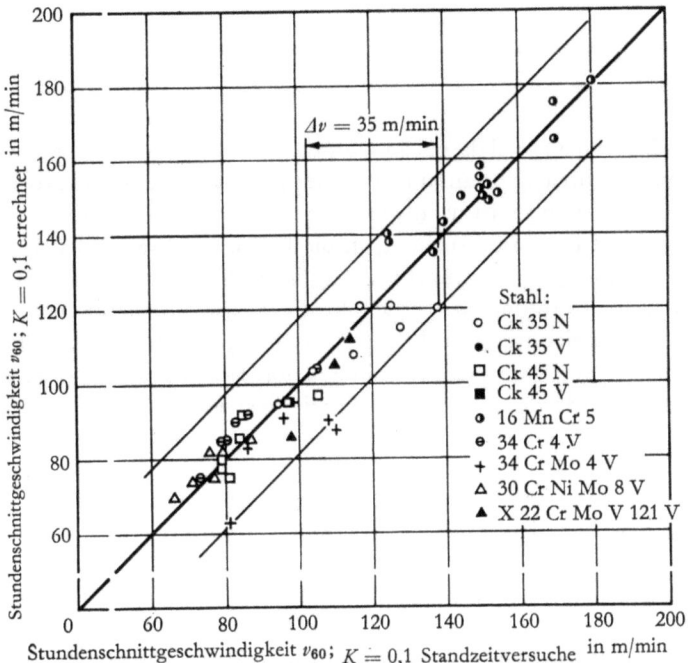

Abb. 2 Gegenüberstellung der im Langzeit- und Kurzzeitversuch ermittelten Stundenschnittgeschwindigkeit $v_{60\,K\,0,1}$ für Hartmetall P 30
Spanungsquerschnitt $a \cdot s = 2 \cdot 0{,}25$ mm² [4]

3. Aufgabenstellung

Wie im vorherigen Kapitel dargelegt wurde, werden ungefähr seit dem Jahre 1950 Untersuchungen über Schwankungen in der Zerspanbarkeit von Normwerkstoffen bei Einsatz von Hartmetallwerkzeugen durchgeführt. Eine Zusammenstellung von Streuwertuntersuchungen, die bis zum Jahre 1956 von verschiedenen Forschern [5, 6] durchgeführt wurden, ist in Abb. 3 dargestellt. Wie aus dem Säulendiagramm entnommen werden kann, wiesen zu dieser Zeit Werkstoffe gleicher Normbezeichnung erhebliche Abweichungen im Standzeitverhalten bei der Bearbeitung mit Hartmetallwerkzeugen auf. Besonders in den letzten Jahren sind jedoch die Anforderungen der Industrie, insbesondere der Massenfertigung, an die Gleichmäßigkeit der gelieferten Werkstoffe stark gestiegen. Diesen Wünschen der Industrie wurde seitens der Stahlwerke weitgehend Rechnung getragen. So wurden verschiedene Erschmelzungsverfahren, zum Beispiel das Vakuumheber- und das Linz-Donauwitz-Verfahren, betrieblich entwickelt, welche die Herstellung von Schmelzen mit einem hohen Reinheitsgrad gewährleisten. Weiterhin sei darauf hingewiesen, daß die Art der Desoxydation bei der Wärmebehandlung heute weitgehend beachtet wird, so daß der Festigkeitsbereich einer Schmelze wesentlich eingeengt werden kann. Auf Grund dieser Maßnahmen der Stahlwerke muß angenommen werden, daß die Zerspanbarkeit von Normwerkstoffen ebenfalls wesentlich gleichmäßiger geworden ist. Es ist daher das Ziel der vorliegenden Untersuchungen, an einer großen Anzahl von Schmelzen eines Normwerkstoffes festzustellen, welche Streuungen in der Zerspanbarkeit heute noch auftreten und inwieweit bei den gegebenen Streuungen Werkstoffkennwerte zur Beurteilung der Zerspanbarkeit herangezogen werden können. Als Bewertungsgröße für die Zerspanbarkeit soll hierbei die Standzeit der Werkzeuge angesehen werden.

Da die Maßhaltigkeit der bearbeiteten Werkstücke wesentlich durch den Freiflächenverschleiß am Werkzeug bestimmt wird, soll bei weiteren Untersuchungen dem unterschiedlichen Standzeitverhalten der Schmelzen für den Freiflächenverschleiß besondere Aufmerksamkeit geschenkt werden. Zu diesem Zweck werden von einzelnen Schmelzen Kennwerte für die an der Freifläche des Werkzeuges wirkenden Reibungskräfte ermittelt und Standzeitwerten gegenübergestellt.

Abschließend sollen wesentliche Ursachen für ein unterschiedliches Kolkstandzeitverhalten von Normwerkstoffen behandelt werden, wobei auf die Bildung oxydischer Beläge auf der Spanfläche von Hartmetallwerkzeugen eingegangen wird.

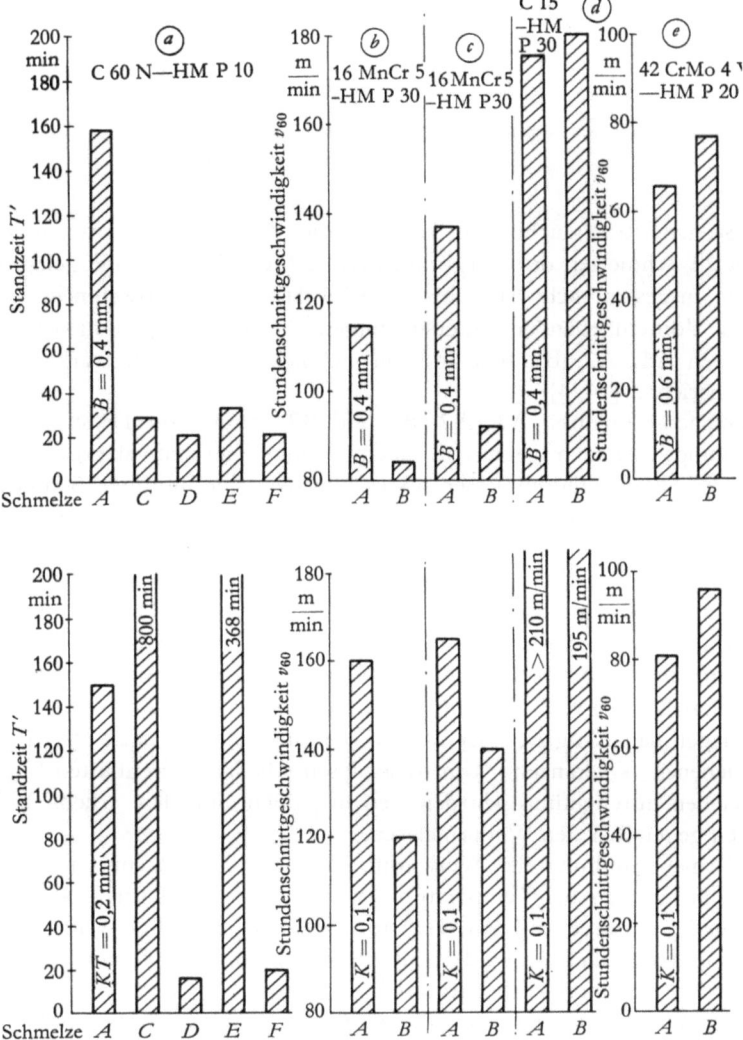

Abb. 3   Schwankungen in der Zerspanbarkeit von Normwerkstoffen bis zum Jahre 1956
a) nach SCHAUMANN [5], $v = 150$ m/min, $a \cdot s = 3 \cdot 0{,}31$ mm^2
b) nach WEVER u. a. [6], 1050°/Luft → 650°/Luft, $a \cdot s = 2 \cdot 0{,}25$ mm^2
c) nach WEVER u. a. [6], 1200°/Luft → 650°/Luft, $a \cdot s = 2 \cdot 0{,}25$ mm^2
d) nach WEVER u. a. [6], 1100°/Luft, $a \cdot s = 2 \cdot 0{,}25$ mm^2
e) Unveröffentlicht, TH Aachen, Spanleitstufe, $a \cdot s = 2 \cdot 0{,}315$ mm^2

4. Versuchswerkstoffe

Den Streuwertuntersuchungen konnten die Zerspanungskennwerte von insgesamt 28 Schmelzen des Vergütungsstahles Ck 45 N zugrunde gelegt werden, die von insgesamt acht Hüttenwerken (A–H) als Betriebsschmelzen geliefert wurden. Von eingehenden Untersuchungen über das Zerspanungsverhalten der Schmelzen A1, A2, B1, B2 und der Schmelzen des Lieferwerkes H wurde bereits berichtet [14, 4].
Die Versuchsschmelzen A1, A2, B1 und B2 wurden zur Durchführung von Zerspanungsuntersuchungen von einem 70 mm Vierkantwalzprofil auf Rundstäbe mit 50 mm Durchmesser abgeschmiedet. Die übrigen Schmelzen des Lieferwerkes B wurden im normalisierten Zustand in Stangen von 50 mm Durchmesser und einer Länge von ca. 2500 mm angeliefert. Die Werkstoffe der Lieferwerke C, D, E, F und G wiesen bei einer Länge von ca. 3000 mm einen Durchmesser von 100 mm, die Werkstoffe des Stahlwerkes H einen Durchmesser von 120 mm auf.
Die chemische Zusammensetzung der Werkstoffe ist in Tab. 1 angegeben. Die Gehalte an Kohlenstoff, Silizium, Mangan, Phosphor und Schwefel der Werkstoffe liegen nach Angaben der Stahlwerke innerhalb der nach DIN 17200 vorgeschriebenen Toleranzen. Kontrollanalysen, die am Eisenhütten-Institut der TH Aachen durchgeführt wurden, zeigen jedoch zum Teil erhebliche Abweichungen gegenüber den Werksanalysen.
Die Wärmebehandlung der Werkstoffe kann der Tab. 2 entnommen werden. Die Stähle wurden bei Temperaturen von 840 bis 880°C bei Haltezeiten von $\frac{1}{2}$ bis zu 2 h entsprechend den Werkstoffabmessungen und der Ofenbeschickung geglüht und anschließend an der Luft abgekühlt. In Abb. 4 sind Gefügeaufnahmen der Versuchswerkstoffe dargestellt.
Angaben über das Gefüge und die Festigkeit der Werkstoffe enthält Tab. 2. Die Ferrit- und Perlitanteile im Gefüge wurden am Querschliff nach dem Linienschnittverfahren ermittelt, die mittlere Breite der Ferritbereiche dagegen aus photographischen Aufnahmen der Schliffbilder der Kern-, Mitte- und Randzonen bestimmt.

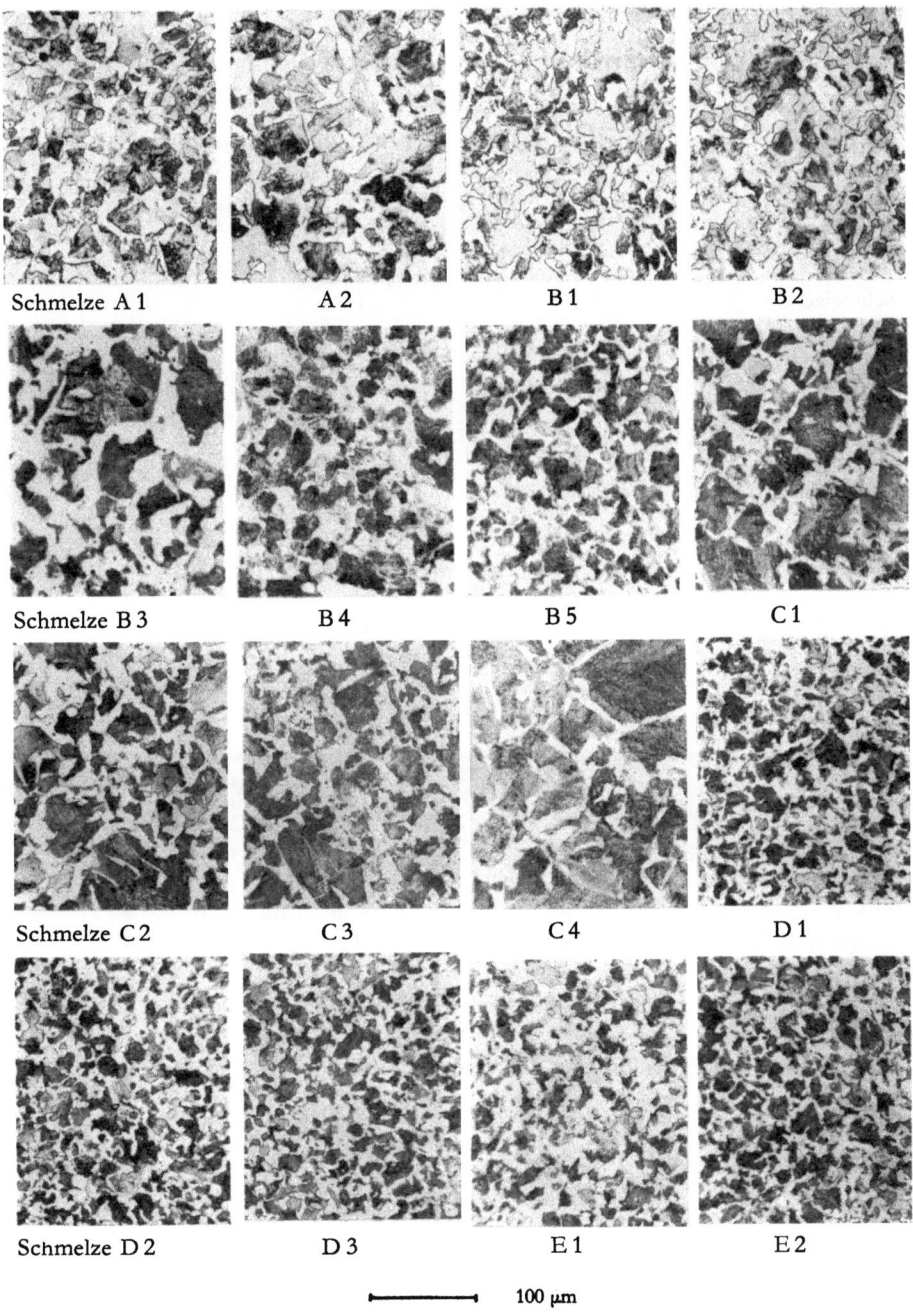

Abb. 4 Gefüge der Schmelzen A1 bis E2 des Stahles C 45 N und Ck 45 N

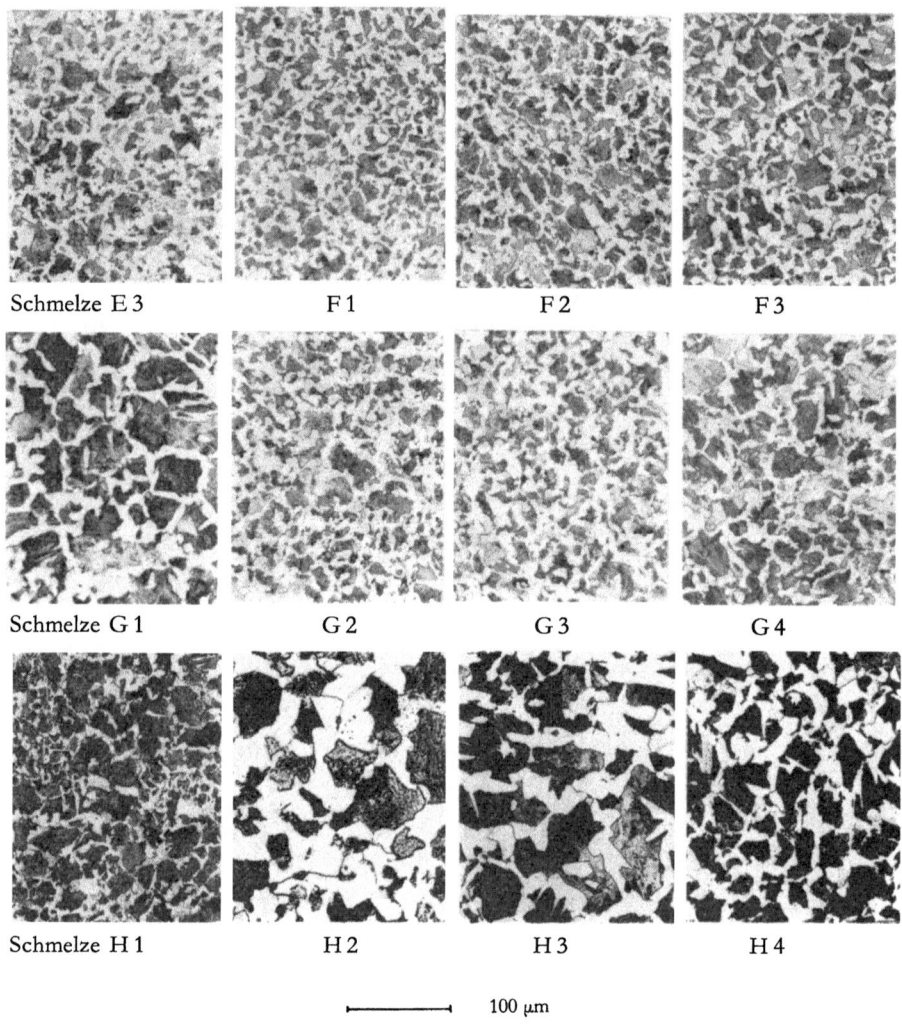

Abb. 4 (Fortsetzung)   Gefüge der Schmelzen E 3 bis H 4 des Stahles C 45 N und Ck 45 N

Die Unterschiede in der Gefügeausbildung bei vorgegebener Wärmebehandlung dürften im wesentlichen auf die unterschiedliche chemische Zusammensetzung der Werkstoffe zurückzuführen sein. Während der Anteil von Perlit im Gefüge vorwiegend durch den Kohlenstoffgehalt bedingt ist, kann die Feinkörnigkeit der Schmelzen insbesondere auf den am Stickstoff gebundenen Aluminiumgehalt zurückgeführt werden. Es wurden deshalb von den Schmelzen der Lieferwerke C, D, E, F und G die Anzahl der geschnittenen Ferritbereiche auf einer Strecke von 0,5 mm an Gefügebildern bestimmt und dem Gesamtaluminiumgehalt gegenübergestellt (Abb. 5).

Zur Kennzeichnung der Festigkeitseigenschaften der Werkstoffe wurden die Zugfestigkeit und die Vickershärte ermittelt. Die Bestimmung der Zugfestigkeit für die Schmelzen der Lieferwerke A, B und H erfolgte durch einen Zugversuch, für alle übrigen Werkstoffe durch Messung der Vickershärte. Die Vickershärte wurde über den Querschnitt der Proben bestimmt und aus 20–50 Einzelwerten gemittelt.

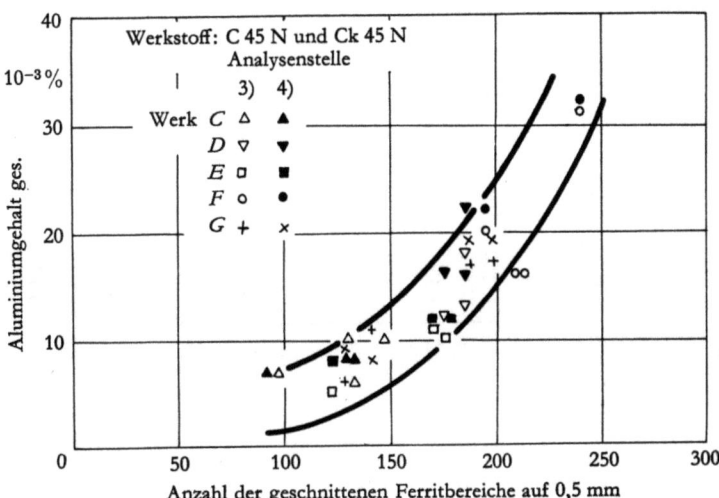

Abb. 5 Anzahl der geschnittenen Ferritbereiche in Abhängigkeit vom Al_{ges}-Gehalt der untersuchten Werkstoffe

Tab. 1 *Chemische Zusammensetzung der Schmelzen A1 bis H4 des Stables C 45 und Ck 45 N*

Chemische Zusammensetzung

Schmelzen-bezeichnung	C [%]	Si [%]	Mn [%]	P [%]	S [%]	Cu [%]	Cr [%]	Ni [%]	Mo [%]	Al_{ges} [10^{-3}%]	$Al_{lös}$ [10^{-3}%]	N_{ges} [10^{-4}%]	$N_{lös}$ [10^{-4}%]
A1	0,45[1]	0,30	0,58	0,018	0,032	0,13	0,07	0,05	0,01	8			
	0,48[2]	0,30	0,61	0,016	0,027	0,13	0,07	0,05					
A2	0,48	0,22	0,58	0,017	0,034	0,12	0,07	0,05	0,01	5			
	0,50	0,28	0,61	0,016	0,031	0,13	0,06	0,06					
B1	0,50	0,35	0,67	0,021	0,025	0,19	0,10	0,076	Spur	20			
	0,49	0,32	0,72	0,023	0,020								
B2	0,49	0,34	0,70	0,019	0,024	0,09	0,08	0,046	Spur	17			
	0,49	0,33	0,68	0,025	0,022								
B3	0,43	0,28	0,62	0,014	0,033		0,09	0,03		7[3]	1[3]	30[3]	30[3]
										6[4]	4[4]	33[4]	26[4]
B4	0,44	0,25	0,61	0,018	0,026		0,10	0,03		28	24	41	41
										31	27	39	36
B5	0,48	0,26	0,66	0,012	0,026		0,09	0,03		31	27	36	36
										31	27	38	33
C1	0,48	0,15	0,63	0,024	0,027	0,14	0,095	0,08	0,02	6	2	48	48
	0,47	0,18	0,64	0,020	0,026					8	6	54	48
C2	0,46	0,24	0,57	0,026	0,026	0,14	0,125	0,07	0,02	10	5	71	71
	0,49	0,27	0,57	0,021	0,020					8	6	78	78
C3	0,44	0,26	0,60	0,037	0,041	0,13	0,090	0,05	0,01	10	4	68	68
	0,40	0,26	0,64	0,031	0,024					12	9	66	58
C4	0,49	0,16	0,78	0,043	0,043	0,12	0,113	0,05	0,01	7	1	60	60
	0,53	0,18	0,76	0,031	0,041					7	6	55	55
D1	0,46	0,34	0,58	0,019	0,033	0,19	0,118	0,07	0,01	12	5	36	36
	0,45	0,32	0,60	0,019	0,031					16	12	39	28
D2	0,45	0,31	0,64	0,020	0,022	0,25	0,124	0,07	0,01	13	6	42	42
	0,50	0,28	0,64	0,018	0,022					16	12	44	36
D3	0,45	0,35	0,60	0,020	0,030	0,22	0,092	0,08	0,02	18	13	47	47
	0,47	0,34	0,64	0,019	0,027					22	18	54	44

Tab. 1 (Fortsetzung)

Schmelzen-bezeichnung	Chemische Zusammensetzung											
	C [%]	Si [%]	Mn [%]	P [%]	S [%]	Cu [%]	Cr [%]	Ni [%]	Mo [%]	Al_{ges} $[10^{-3}\%]$	$Al_{lös}$ $[10^{-3}\%]$	N_{ges} $[10^{-4}\%]$	$N_{lös}$ $[10^{-4}\%]$
E1	0,42[1] 0,43[2]	0,29 0,31	0,57 0,61	0,021 0,018	0,026 0,023	0,15	0,107	0,05	0,02	5[2] 8[4]	1[3] 5[4]	52[2] 56[4]	52[3] 50[4]
E2	0,46 0,46	0,27 0,27	0,64 0,64	0,035 0,032	0,025 0,027	0,12	0,042	0,05	0,01	10 12	5 8	57 63	57 52
E3	0,46 0,47	0,28 0,27	0,63 0,55	0,034 0,033	0,032 0,028	0,11	0,105	0,07	0,02	11 12	5 8	63 69	63 60
F1	0,45 0,47	0,31 0,32	0,61 0,61	0,025 0,031	0,033 0,031	0,13 0,15	0,09 0,082	0,006 0,08	0,02	31 32	23 24	69 84	69 78
F2	0,47 0,52	0,23 0,22	0,64 0,64	0,017 0,019	0,023 0,021	0,16 0,18	0,10 0,09	0,005 0,05	0,01	16 16	9 12	55 63	55 59
F3	0,47 0,50	0,26 0,24	0,50 0,52	0,014 0,015	0,027 0,024	0,13 0,15	0,10 0,077	0,06 0,06	0,02	20 22	14 18	54 66	54 62
G1	0,52	0,20	0,62	0,046	0,027	0,07	0,087	0,04	0,01	6 9	1 6	56 66	56 65
G2	0,47	0,36	0,66	0,021	0,034	0,12	0,102	0,05	0,01	17 19	10 14	55 66	55 63
G3	0,44	0,31	0,62	0,036	0,033	0,10	0,084	0,07	0,02	17 19	11 15	69 77	69 74
G4	0,52	0,24	0,59	0,030	0,032	0,09	0,092	0,052	Spur	11 8	3 5	55 64	55 61
H1	0,48	0,41	0,68	0,032	0,034	0,175	0,14	0,12	0,01	33	19	54	51
H2	0,433	0,30	0,69	0,024	0,028	0,115	0,07	0,02	–	15	4	52	48
H3	0,46	0,28	0,66	0,028	0,026	0,05	0,04	0,04	–	10	8	51	45
H4	0,466	0,345	0,615	0,031	0,020	0,18	0,06	–	–	11	7	47	45

[1]) Werksanalysen. – [2]) Institut für Eisenhüttenwesen, TH Aachen. – [3]) Phoenix-Rheinrohr AG, Düsseldorf. – [4]) Stahlwerke Bochum AG, Bochum.

Tab. 2 *Wärmebehandlung, Gefüge und mechanische Eigenschaften der untersuchten Stähle*

Schmelzen-bezeichnung	Wärmebehandlung	Gefüge				Mechanische Eigenschaften	
		Ferrit	Perlit	Mittlere Breite der Ferritbereiche	Anzahl der geschnittenen Ferritbereiche auf 0,5 mm	σ_B	HV 10
		[%]	[%]	[µm]		[kp/mm²]	[kp/mm²]
A1	850° C/Luft	56	44			65	207
A2	850° C/Luft	51	49	15,3		63,3	196
B1	850° C/Luft	44	56	7,9		71,1	196
B2	850° C/Luft	48	52	10,7		70,5	203
B3	850° C/Luft	44,4	55,6	22,9		63,5	162
B4	850° C/Luft	45,6	54,4	19		64,5	167
B5	850° C/Luft	45,4	54,6	15,2		67,4	176
C1	840° C/Luft	31,7	68,8	12,4	133	65*	191
C2	840° C/Luft	45,1	54,9	14,5	129	62,5*	182
C3	840° C/Luft	43,1	56,9	14,2	148	62*	179
C4	840° C/Luft	20,7	79,3	11,3	93	70*	204
D1	840° C/Luft	47,5	52,5	11,4	176	58*	169
D2	840° C/Luft	45	55	11,5	184	64*	187
D3	840° C/Luft	49,7	50,3	14,4	182	62*	181

* Errrechnet aus der Vickershärte.

Tab. 2 (Fortsetzung)

Schmelzen-bezeichnung	Wärmebehandlung	Gefüge				Mechanische Eigenschaften	
		Ferrit	Perlit	Mittlere Breite der Ferritbereiche	Anzahl der geschnittenen Ferritbereiche auf 0,5 mm	σ_B	HV 10
		[%]	[%]	[µm]		[kp/mm²]	[kp/mm²]
E1	840°C/Luft	60	40	16,2	122	55*	161
E2	840°C/Luft	49,8	50,2	12,4	175	63*	185
E3	840°C/Luft	47,1	52,9	13,1	171	62*	181
F1	840°C/Luft	51,9	48,1	11,6	240	63*	185
F2	840°C/Luft	40,3	59,7	10	209	63*	186
F3	840°C/Luft	48,5	51,5	11,5	193	61*	177
G1	840°C/Luft	31	69	14,4	127	69*	200
G2	840°C/Luft	42,6	57,4	12,4	196	61*	178
G3	840°C/Luft	56,3	43,7	14,5	187	60*	175
G4	840°C/Luft	41,8	58,2	12,6	141	67*	194
H1	860°C/Luft	25	75	6,8		70,4	192**
H2	860°C/Luft	55	45	10,9		62,9	171**
H3	880°C/Luft	50	50	15,7		65	175**
H4	855°C/Luft	45	55	11,9		67,3	183**

* Errechnet aus der Vickershärte.
** HV 30.

5. Zerspanungsversuche

Die Zerspanungsversuche wurden im Trockenschnitt beim Längsdrehen mit Hartmetall der Zerspanungsanwendungsgruppen P 20 an den Werkstoffen der Lieferwerke A und B und mit Hartmetall P 30 an 24 Schmelzen bei je drei bis fünf Schnittgeschwindigkeiten und einem Spanungsquerschnitt von $a \cdot s = 2 \cdot 0{,}25$ mm² durchgeführt. Um Streuungen im Schneidstoff weitgehend auszuschalten, wurden die Hartmetalle jeweils einer Sinterung entnommen. Die Schneidengeometrie der Drehmeißel wurde in Anlehnung an das Stahl–Eisen-Prüfblatt 1162-52 folgendermaßen gewählt:

Freiwinkel	$\alpha =$	8°	Einstellwinkel	$\varkappa =$	60°
Spanwinkel	$\gamma =$	10°	Eckenwinkel	$\varepsilon =$	90°
Neigungswinkel	$\lambda =$	$-$ 4°	Eckenradius	$r =$	1 mm

Die Werkstoffe mit einem Durchmesser von 50 mm werden bis auf 25 mm Durchmesser, die Werkstoffe mit 100 bzw. 120 mm Durchmesser auf einen Durchmesser von 50 mm abgedreht.

Am Drehmeißel wurde nach geometrisch gestuften Drehzeiten an der Freifläche die Verschleißmarkenbreite B und an der Spanfläche die Kolktiefe KT und der Abstand Kolkmitte–Schneidkante $= KM$ bestimmt. Das Wachstum dieser Verschleißgrößen unterliegt in Abhängigkeit von der Drehzeit bestimmten empirischen Gesetzmäßigkeiten [21]. Trägt man die Verschleißmarkenbreite B bzw. das Kolkverhältnis KT/KM in Abhängigkeit von der Drehzeit im doppeltlogarithmischen System auf, so ergeben sich mit der Schnittgeschwindigkeit v als Parameter im allgemeinen parallel verlaufende Geraden. Jeder dieser Verschleißgeraden kann man die zu einem bestimmten Verschleißkriterium zugehörige Drehzeit T entnehmen, die man im doppeltlogarithmischen Koordinatennetz in Abhängigkeit von der Schnittgeschwindigkeit aufträgt. Dem so ermittelten Standzeitschnittgeschwindigkeitsdiagramm kann man nun eine Zerspanbarkeitskennziffer entnehmen, zum Beispiel v_{60}, wobei man darunter die Schnittgeschwindigkeit versteht, mit der man bis zum Erreichen des vorgegebenen Verschleißkriteriums 60 min lang drehen kann.

Die an den einzelnen Schmelzen ermittelten v_{60}-Werte für eine Verschleißmarkenbreite von $B = 0{,}2$ mm und ein Kolkverhältnis von $KT/KM = 0{,}1$ sind in der Tab. 3 angegeben. Zur Kennzeichnung des Verlaufes der Standzeitschnittgeschwindigkeitskurven wurden außer den Stundenschnittgeschwindigkeiten v_{60} weiterhin die Steigungen im Bereich der v_{60}-Werte gewählt. Diese Angabe war notwendig, da sich bei einem Vergleich von Werkstoffen, deren Standzeitschnittgeschwindigkeitskurven verschiedene Steigungen aufweisen, unterschiedliche Rangfolgen für die Zerspanbarkeit in verschiedenen Schnittgeschwindigkeitsbereichen ergeben können. Bei den Untersuchungen wurde festgestellt, daß sich häufig die Standzeitschnittgeschwindigkeitskurven nur in einem engen Schnittgeschwindigkeitsbereich durch eine Gerade annähern lassen. Eine Extrapolation von Standzeitwerten ist dementsprechend nur unter Berücksichtigung des gekrümmten Verlaufes der Standzeitschnittgeschwindigkeitskurve möglich.

Um nachweisen zu können, daß die zwischen den einzelnen Schmelzen auftretenden Schwankungen in der Zerspanbarkeit nicht auf Versuchsstreuungen zurückzuführen sind, die zum Beispiel durch Meßfehler oder durch Unterschiede im Anschliff der Werkzeuge verursacht werden können, wurde eine statistische Auswertung [22, 23] der Untersuchungsergebnisse durchgeführt.

Zur Ermittlung der Versuchsstreuungen werden in die Verschleißdrehzeitdiagramme für die einzelnen Schnittgeschwindigkeiten Ausgleichsgeraden entsprechend den Standzeitschnittgeschwindigkeitsdiagrammen entnommenen Standzeitwerten gelegt. Diese Ausgleichsgeraden sind gegenüber den Verschleißdrehzeitgeraden, die zunächst zur Festlegung der Standzeitschnittgeschwindigkeitskurve gewählt wurden, um einen bestimmten Betrag parallel verschoben. Zur Berechnung der Streuungen in Richtung der Zeitachse wurden die prozentualen Abweichungen der Verschleißmeßpunkte von den Ausgleichsgeraden $\left(\frac{\Delta T}{T} \cdot 100\%\right)$ bestimmt. Die mittlere quadratische Abweichung errechnet sich daraus zu

$$s_T = \sqrt{\sum \left(\frac{\Delta T}{T} \cdot 100\right)^2 / (N-2)}.$$

Aus der Standardabweichung s_T läßt sich über den Anstieg σ' der Standzeitschnittgeschwindigkeitskurve im Bereich der Stundenschnittgeschwindigkeit die Standardabweichung in Richtung der Geschwindigkeitsachse zu $s_v = s_T/\mathrm{tg}\,\sigma'$ ermitteln. Aus der Standardabweichung s_v wurden die Vertrauensgrenzen $\pm \frac{t \cdot s_v}{\sqrt{N}} \cdot 100\%$ der v_{60}-Werte für eine statistische Sicherheit von 95% ($P = 0,05$) errechnet (s. Tab. 3).

Die statistischen Untersuchungen zeigen, daß im allgemeinen die Verschleißmessung für den Kolkverschleiß mit geringeren Versuchsstreuungen behaftet ist als die Messungen des Freiflächenverschleißes. Es wurden jedoch nur in einem Fall die Vertrauensgrenzen zu maximal $\pm 2,4\%$ der Stundenschnittgeschwindigkeit berechnet, so daß angenommen werden kann, daß die Unterschiede in der Zerspanbarkeit zwischen einzelnen Schmelzen in den meisten Fällen gesichert sind.

Um die Reproduzierbarkeit der v_{60}-Werte zu überprüfen, wurden weitere Zerspanungsversuche an den Werkstoffen D 3, E 1 und E 2 bei jeweils zwei Schnittgeschwindigkeiten durchgeführt. Die auf Grund der Wiederholungsversuche ermittelten v_{60}-Werte für den Freiflächenverschleiß $B = 0,2$ mm zeigten Unterschiede zu den eingangs ermittelten Werten um ungefähr 5 m/min; dagegen konnten für den Kolkverschleiß $K = 0,1$ keine Abweichungen in den Stunden-

Tab. 3 *Zerspanungskennwerte der untersuchten Stäbe*

Schmelzen-bezeichnung	Hartmetall								Mittlere Vertrauensgrenzen ($P = 0,05$)							
	P 20		P 30		P 20		P 30		P 20			P 30				
	$v_{60\,B\,0,2}$ [m/min]	$v_{60\,K\,0,1}$ [m/min]	$v_{60\,B\,0,2}$ [m/min]	$v_{60\,K\,0,1}$ [m/min]	σ'_{TB} [°]	σ'_{TK} [°]	σ'_{TB} [°]	σ'_{TK} [°]	$v_{60\,B}$ [%]	$v_{60\,K}$ [%]		$v_{60\,B}$ [%]	$v_{60\,K}$ [%]			
A1	140	k.K.*	–	–	55	–	–	–	–	–		–	–			
A2	220	122	–	–	73	74	–	–	2,9	1,06		–	–			
B1	104	104	–	–	66	74	–	–	1,46	1,37		–	–			
B2	93	100	–	–	66	74	–	–	1,45	1,14		–	–			
B3	92	118	86	85	74	73	71	71	1,14	0,8		1,63	0,69			
B4	95	118	75	89	71	73	76	74	2,01	2,03		1,01	1			
B5	100	105	88	92	75	71	71	76	0,98	1		0,95	0,76			
C1	–	–	120	102	–	–	76	76	–	–		0,64	0,88			
C2	–	–	126	119	–	–	75	79	–	–		1,17	0,99			
C3	–	–	125	146	–	–	75	76	–	–		1,17	1,3			
C4	–	–	115	97	–	–	75	78	–	–		1,94	0,84			
D1	–	–	75	85	–	–	74	74	–	–		0,81	0,80			
D2	–	–	84,5	92	–	–	72	74	–	–		1,36	1,41			
D3	–	–	81	92	–	–	72	73	–	–		1,73	1,37			

* k.K. = kein Kolkverschleiß.

Tab. 3 (Fortsetzung)

Schmelzen-bezeichnung	Hartmetall								Mittlere Vertrauensgrenzen ($P = 0{,}05$)			
	P 20		P 30		P 20		P 30		P 20		P 30	
	$v_{60B0{,}2}$ [m/min]	$v_{60K0{,}1}$ [m/min]	$v_{60B0{,}2}$ [m/min]	$v_{60K0{,}1}$ [m/min]	σ'_{TB} [°]	σ'_{TK} [°]	σ'_{TB} [°]	σ'_{TK} [°]	v_{60B} [%]	v_{60K} [%]	v_{60B} [%]	v_{60K} [%]
E1	–	–	82	112	–	–	73	75	–	–	1,68	1,43
E2	–	–	72,5	93	–	–	70	72	–	–	1,69	1,5
E3	–	–	73	81	–	–	72	70	–	–	1,83	1,99
F1	–	–	98	100	–	–	79	74	–	–	2,33	0,94
F2	–	–	98	100	–	–	73	74	–	–	0,57	1,21
F3	–	–	115	100	–	–	74	74	–	–	1,58	0,76
G1	–	–	53	85	–	–	70	74	–	–	2,45	1,4
G2	–	–	112	100	–	–	72	75	–	–	1	1,22
G3	–	–	91	105	–	–	65	75	–	–	1,3	1,35
G4	–	–	81	85	–	–	78	75	–	–	1,73	1,65
H1	–	–	83	84	–	–	70	70	–	–	1,3	0,7
H2	–	–	64	79	–	–	65	71	–	–	1,51	1,08
H3	–	–	60	85	–	–	62	74	–	–	1,25	1,15
H4	–	–	110	97	–	–	65	75	–	–	–	–

schnittgeschwindigkeiten ermittelt werden. Berücksichtigt man die Tatsache, daß den Standzeitgeraden nur Standzeitwerte bei zwei Schnittgeschwindigkeiten zugrunde liegen, so ist die Übereinstimmung zwischen den einzelnen v_{60}-Werten als gut anzusehen.

Bei Einsatz von Hartmetall der Zerspanungsanwendungsgruppe P 20 streuen bei den sieben untersuchten Schmelzen die Stundenschnittgeschwindigkeiten für einen zulässigen Freiflächenverschleiß $B = 0,2$ mm von 92 bis 120 m/min, bei Einsatz von Hartmetall P 30 an insgesamt 24 Schmelzen von 53 bis 126 m/min. Die v_{60}-Werte für einen Kolkverschleiß von $K = 0,1$ liegen bei den Werkstoffen A und B bei Verwendung von Hartmetall P 20 zwischen 100 und 120 m/min, für Hartmetall der Zerspanungsanwendungsgruppe P 30 bei den übrigen Werkstoffen dagegen zwischen 79 und 146 m/min. Das extrem gute Standzeitverhalten der Schmelzen A 1, C 2, C 3 und H 4 ist auf die Bildung oxydischer Beläge auf den Verschleißflächen zurückzuführen. Auf die Ursachen, die zur Entstehung derart verschleißhemmender Schichten führen, wird im Kapitel 8 näher eingegangen.

Eine Gleichläufigkeit im Verschleißverhalten von Hartmetallen der Zerspanungsanwendungsgruppen P 20 und P 30, die bei Untersuchungen von drei Schmelzen des Lieferwerkes B eingesetzt wurden, konnte nicht festgestellt werden. Allerdings liegen die ermittelten v_{60}-Werte eng beieinander, und keine der untersuchten Schmelzen zeichnet sich durch ein extrem gutes Standzeitverhalten aus, das auf die Bindung verschleißhemmender Schichten zurückzuführen wäre.

Die in Abb. 6 dargestellte Häufigkeitsverteilung der in Stundenschnittgeschwindigkeitsbereiche von jeweils 10 m/min klassierten Schmelzen zeigt, daß für den Kolkverschleiß die Zerspanbarkeit der Schmelzen bei der Verwendung von Hartmetall der Zerspanungsanwendungsgruppe P 30 als relativ gleichmäßig angesehen werden muß. Nur fünf Schmelzen weichen nach der Gutseite hin ab,

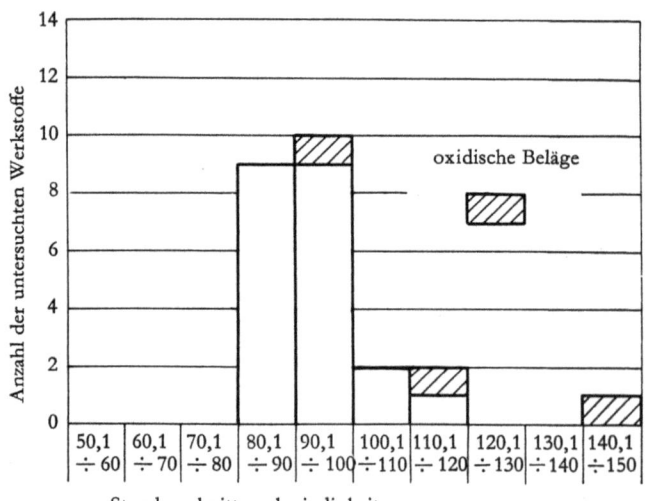

Abb. 6   Häufigkeit der $v_{60\,K\,0,1}$-Werte beim Drehen mit Hartmetall P 30

was in zwei Fällen durch die Bildung oxydischer Beläge bedingt ist. Eine gleiche Darstellung der Stundenschnittgeschwindigkeiten für das Verschleißkriterium $B = 0,2$ mm (Abb. 7) ergibt allerdings einen großen Streubereich, wobei nahezu gleich viel Schmelzen zur Gut- wie zur Schlechtseite hin abweichen.

Stellt man die Stundenschnittgeschwindigkeiten für den Kolk- und Freiflächenverschleiß, die an Werkstoffen aus verschiedenen Schmelzen des Werkstoffes Ck 45 ermittelt wurden, einander gegenüber (Abb. 8), so kann man die allgemeine Tendenz feststellen, daß die Werkstoffe, die auf der Spanfläche stark verschleißend wirken, auch einen großen Freiflächenverschleiß hervorrufen.

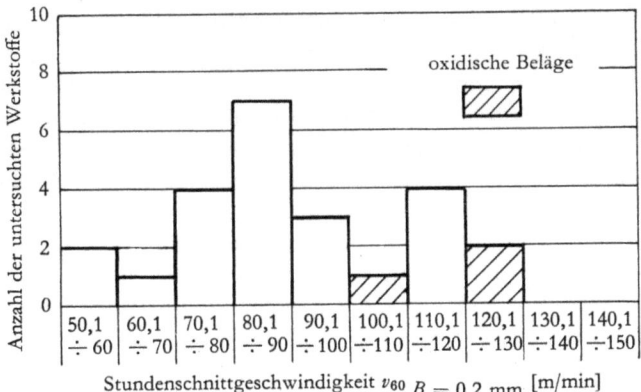

Abb. 7 Häufigkeit der $v_{60\,B\,0,2}$-Werte beim Drehen mit Hartmetall P 30

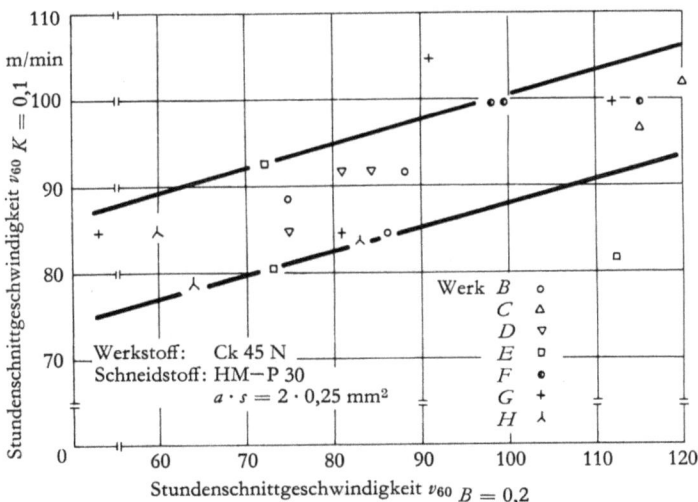

Abb. 8 Zusammenhang zwischen $v_{60\,B\,0,2}$-Werten und $v_{60\,K\,0,1}$-Werten von verschiedenen Schmelzen des Stahles C 45 N und Ck 45 N

6. Zusammenhänge zwischen der Zerspanbarkeit und den einzelnen Kennwerten der Schmelzen

In verschiedenen früheren Untersuchungen [4, 24] konnte nachgewiesen werden, daß die Zerspanbarkeit von unlegierten Stählen in starkem Maße durch den Kohlenstoffgehalt und die Gefügeausbildung beeinflußt wird. Es wurde die Tendenz festgestellt, daß sich mit zunehmendem Kohlenstoffgehalt die Zerspanbarkeit eines Werkstoffes verschlechtert, dagegen mit größer werdendem Anteil von Ferrit im Gefüge und einer Zunahme der mittleren Ferritbereichsbreite eine Verbesserung des Standzeitverhaltens zu beobachten ist. Ferner wurde nachgewiesen, daß ein Zusammenhang zwischen der Zugfestigkeit und Härte der Werkstoffe sowie dem Standzeitverhalten besteht; so konnte mit abnehmender Zugfestigkeit ebenfalls eine Verbesserung der Zerspanbarkeitseigenschaften festgestellt werden. Auf Grund dieser Untersuchungsergebnisse, die für Stähle verschiedener Qualitäten mit C-Gehalten von 0,10 bis 0,50% und einem Anteil von 10 bis 80% Ferrit im Gefüge gelten, lag es nahe zu überprüfen, ob auch zwischen den Zerspanbarkeitskennziffern verschiedener Schmelzen eines Normwerkstoffes und einzelnen Werkstoffkennwerten ebenfalls gewisse Abhängigkeiten bestehen.

In den Abb. 9–12 sind die Zerspanbarkeitskennziffern $v_{60\,B\,0,2}$ und $v_{60\,K\,0,1}$ in Abhängigkeit vom Kohlenstoffgehalt, dem Anteil von Ferrit im Gefüge, der mittleren Breite der Ferritbereiche und der Härte HV 10 dargestellt. Dabei wurden die Werkstoffe, die bei der Bearbeitung oxydische Beläge auf den Werkzeugen bilden, außer Betracht gelassen.

Wie aus den Diagrammen aus Abb. 9 zu sehen ist, lassen sich zwischen dem Kolk- und Freiflächenverschleiß sowie dem Kohlenstoffgehalt bei verschiedenen Schmelzen eines Normwerkstoffes keine Zusammenhänge nachweisen. Diese Feststellung gilt auch für andere Legierungselemente, so Mangan, Silizium, Phosphor, Schwefel und Aluminium, werden sie in Abhängigkeit von den Zerspanungskennziffern $v_{60\,B\,0,2}$ und $v_{60\,K\,0,1}$ betrachtet. Vergleicht man die Ferritanteile im Gefüge mit den Stundenschnittgeschwindigkeiten $v_{60\,K\,0,1}$ und $v_{60\,B\,0,2}$ (Abb. 10), so gelangt man zu dem Ergebnis, daß Abhängigkeiten zwischen diesen Größen ebenfalls nicht bestehen. Auch eine Gegenüberstellung der mittleren Ferritbereiche der einzelnen Schmelzen mit dem Ferritgehalt als Parameter und den v_{60}-Werten in Abb. 11 läßt keine Abhängigkeiten erkennen. Wie auf Grund dieser Untersuchungen zu erwarten war, konnten auch zwischen der Härte und dem Verschleißverhalten der Schmelzen keinerlei Zusammenhänge ermittelt werden (Abb. 12). In den Diagrammen in den Abb. 9–12 fällt auf, daß der Streubereich für den Kolkverschleiß unabhängig von den einzelnen Werkstoffkennwerten im Gegensatz zum Freiflächenverschleiß relativ eng ist. Diese Feststellung deutet darauf hin, daß bei den nur geringen Unterschieden, die in der chemischen Zusammensetzung zwischen einzelnen Schmelzen auftreten, eine wechselseitige

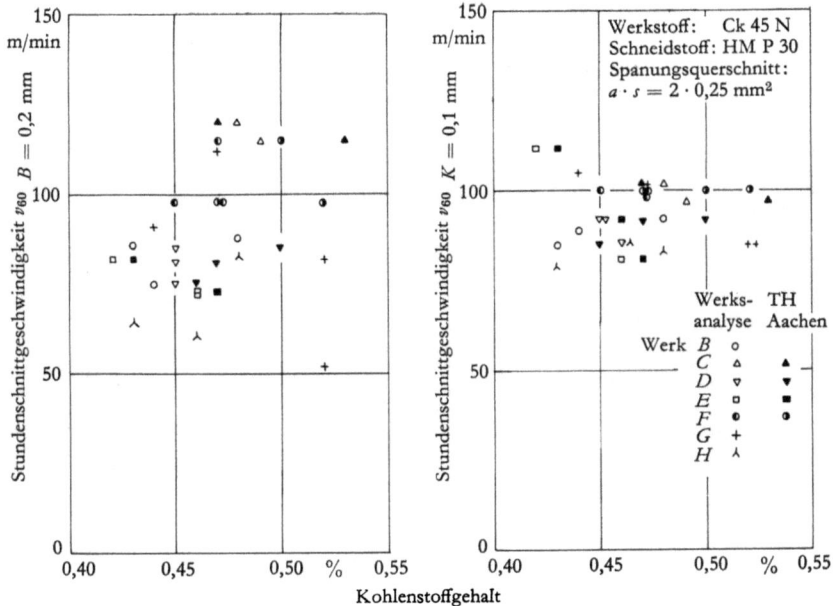

Abb. 9   Einfluß des Kohlenstoffgehaltes auf die Zerspanbarkeit verschiedener Schmelzen des Stahles Ck 45

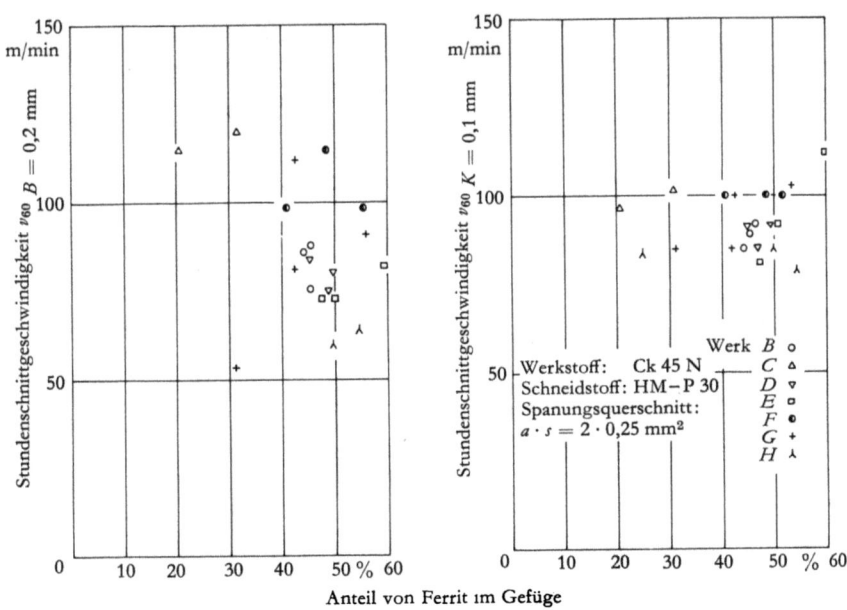

Abb. 10   Einfluß des Ferritgehaltes auf die Zerspanbarkeit verschiedener Schmelzen des Stahles Ck 45

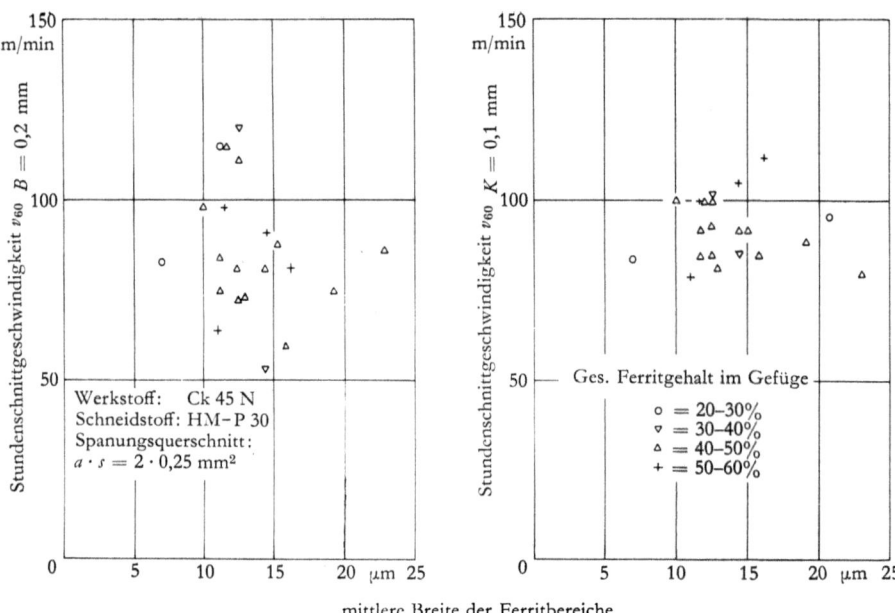

Abb. 11 Einfluß der mittleren Breite der Ferritbereiche auf die Zerspanbarkeit von Stahl Ck 45

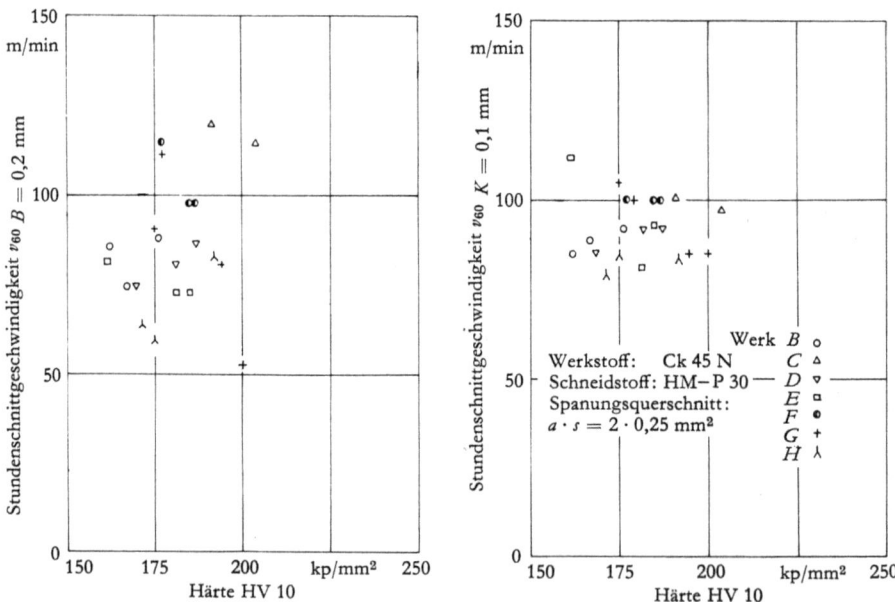

Abb. 12 Einfluß der Härte auf die Zerspanbarkeit verschiedener Schmelzen des Stahles Ck 45

Beeinflussung der einzelnen chemischen Elemente auf die Gefügeausbildung und Festigkeitswerte stattfindet, so daß der Einfluß eines einzelnen Werkstoffkennwertes auf die Zerspanbarkeit bei verschiedenen Schmelzen eines Werkstoffes nicht mehr eindeutig ermittelt werden kann.

7. Untersuchungen über den unterschiedlichen Verschleißangriff der Schmelzen an der Freifläche der Werkzeuge

Die Streuwertuntersuchungen der Zerspanbarkeit von Stahl Ck 45 haben gezeigt, daß Schwankungen im Standzeitverhalten für den Freiflächenverschleiß im Gegensatz zum Kolkverschleiß auch heute noch groß sind. Diese Feststellung ist für die Fertigung von besonderer Bedeutung, da durch den Freiflächenverschleiß die Maßhaltigkeit und Oberflächengüte der gefertigten Werkstücke bestimmt werden. Im folgenden soll daher überprüft werden, auf welche Weise eine Voraussage über das Standzeitverhalten einer Schmelze im Hinblick auf den Freiflächenverschleiß möglich ist. Eine Behandlung dieses Problems hat jedoch zur Voraussetzung, daß die Vorgänge an der Werkzeugschneide beim Zerspanungsvorgang und die Ursachen für den Verschleißangriff näher untersucht worden sind.
Beim Zerspanungsvorgang können an der Span- und Freifläche des Werkzeugs folgende Reibungsarten unterschieden werden [25]:
1. Mechanische Reibung, d. h. Abrieb durch harte Partikel.
2. Physikalisch-chemische Reibung, die dadurch entsteht, daß sich Teile der gepaarten Oberflächen in irgendeiner Form aneinanderbinden und diese Bindungen wieder getrennt werden, so daß dort ein Abtrag, der Verschleiß, entsteht.

Lange Zeit wurde die Ansicht vertreten, daß bei der Zerspanung mit Hartmetallwerkzeugen dem mechanischen Verschleiß, mindestens in gewissen Bereichen der Schnittgeschwindigkeit, die Hauptbedeutung zukomme. Erst auf Grund neuerer Untersuchungen [9, 10, 11] kam man zu der Erkenntnis, vorwiegend in der physikalisch-chemischen Reibung die Ursache für den Werkzeugverschleiß zu sehen. Dies gilt allerdings vorwiegend für die Verschleißerscheinungen auf der Spanfläche der Werkzeuge. Neuere Untersuchungen über die Ursache des Freiflächenverschleißes haben zwar einen Hinweis dafür gegeben, daß durch die Reibung zwischen der Kontaktzone auf der Freifläche und dem Werkstück eine α–γ-Umwandlung auftritt, jedoch konnten hierbei keine Diffusionserscheinungen zwischen dem Werkstoff und dem Hartmetall nachgewiesen werden [26]. Es muß daher angenommen werden, daß der Freiflächenverschleiß vorwiegend durch mechanischen Abrieb bedingt ist. Hierfür müssen Schnittkräfte, die an der Freifläche angreifen, verantwortlich gemacht werden. Es lag daher nahe, nach Zusammenhängen zwischen der Reibung an der Freifläche und dem Standzeitverhalten zu suchen.
Die Tatsache, daß das Werkzeug auch auf der Freifläche in starkem Maße verschleißt, deutet darauf hin, daß an dieser Stelle ein Teil der Zerspankraft angreifen muß. Durch spannungsoptische Untersuchungen von KATTWINKEL [27] beim Zerspanen von Blei mit Plexiglasmeißeln wurde bereits im Jahre 1957

nachgewiesen, daß die auf der Freifläche angreifenden Kräfte etwa ein Drittel der gesamten Zerspankraft ausmachen können. Zu dem gleichen Ergebnis kommt auch RÖHLKE [28], der die Freiflächenkräfte durch Einsatz von Einstechwerkzeugen bestimmte, deren Neigungswinkel variiert wurde. Dabei kann eine zusätzliche Querkraftkomponente parallel zur Hauptschneide ermittelt werden, aus deren Größe sich die auf der Freifläche angreifenden Kräfte errechnen lassen. Eine weitere Möglichkeit, die Reibungsverhältnisse auf der Freifläche der Werkzeuge zu ermitteln, wurde von THOMSON und Mitarbeitern [29, 30, 31] eingehend untersucht. Bei diesem Verfahren werden Schnittkraftmessungen mit Werkzeugen, die definierte Kontaktzonen auf der Freifläche entsprechend dem Verschleißangriff aufweisen, durchgeführt. Hierbei wird angenommen, daß der Schnittkraftanstieg, der mit größer werdender Kontaktzonenbreite festgestellt wird, den auf der Freifläche angreifenden Kräften zuzuschreiben ist, sofern keine Änderung der Spanflächenkräfte auftritt. Während die Versuche mit Freiwinkeln von $-0,5$ und $-1°$ zeigten, daß eine Anwendung der Gesetze der Plastizitätsmechanik auf die Verformungsvorgänge in der Schnittfläche möglich ist, ergaben sich bei einem Freiwinkel von $0°$ keine eindeutigen Ergebnisse. Nach Untersuchungen von MEYER [32] können definierte Kontaktzonen auf der Freifläche in Analogie zum Freiflächenverschleiß zur Ermittlung der Druck- und Reibungskräfte auf der Freifläche verwendet werden. Um hierbei jedoch zu reproduzierbaren Ergebnissen zu gelangen, ist es notwendig, die Werkzeuge vor Beginn der Schnittkraftmessungen so lange im Schnitt einzusetzen, bis durch den Verschleiß auf der Freifläche eine Berührung zwischen Werkzeug und Werkstück auf der gesamten Phasenbreite vorliegt.

Die Ergebnisse von Schnittkraftmessungen, die an insgesamt sechs Schmelzen des Stahles Ck 45 bei einer Schnittgeschwindigkeit von 100 m/min im Orthogonalschnitt durchgeführt wurden, sind in den Abb. 13–18 dargestellt. Die bei den Versuchen gemessenen Rückkräfte, die durch den Eckenradius des Meißels hervorgerufen werden, änderten sich in Abhängigkeit von der Kontaktzonenbreite nicht und wurden daher bei der Auswertung nicht berücksichtigt. Der Verlauf der Schnittkräfte in Abhängigkeit von der Kontaktzonenbreite zeigt einen linearen Anstieg, was in Übereinstimmung mit den Ergebnissen früherer Untersuchungen [32] steht. Wie aus den Versuchsergebnissen in den Abb. 13, 16 und 17 zu ersehen ist, weichen einige Meßwerte wesentlich von dem Kurvenverlauf ab, so daß angenommen werden muß, daß eine innige Berührung zwischen den Reibpartnern nicht in allen Fällen stattgefunden hat.

Aus der Zunahme der Kräfte mit der Kontaktzonenbreite b_F läßt sich die mittlere Schubspannung τa zu $\dfrac{\Delta P_H}{a \cdot b_F}$ und die Flächenpressung p_a zu $\dfrac{\Delta P_v}{a \cdot b_F}$ berechnen. Als ein ungefähres Maß für den an der Freifläche wirkenden Reibwert kann das Verhältnis $\dfrac{\Delta P_H}{\Delta P_v}$ angesehen werden, da die Werte ΔP_H und ΔP_v den auf der Spanfläche angreifenden Anteil der Schnittkräfte mit beinhalten.

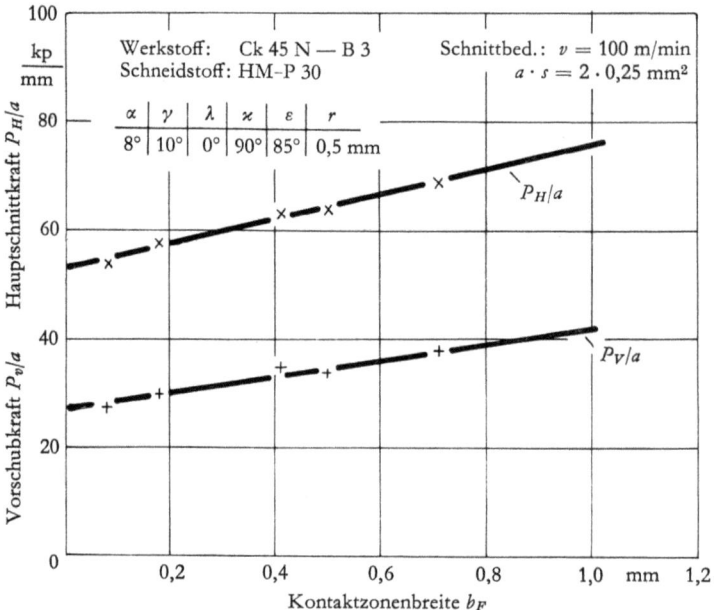

Abb. 13 Zunahme der Schnittkräfte mit der Kontaktzonenbreite b_F auf der Freifläche bei der Zerspanung des Werkstoffes Ck 45 – B 3

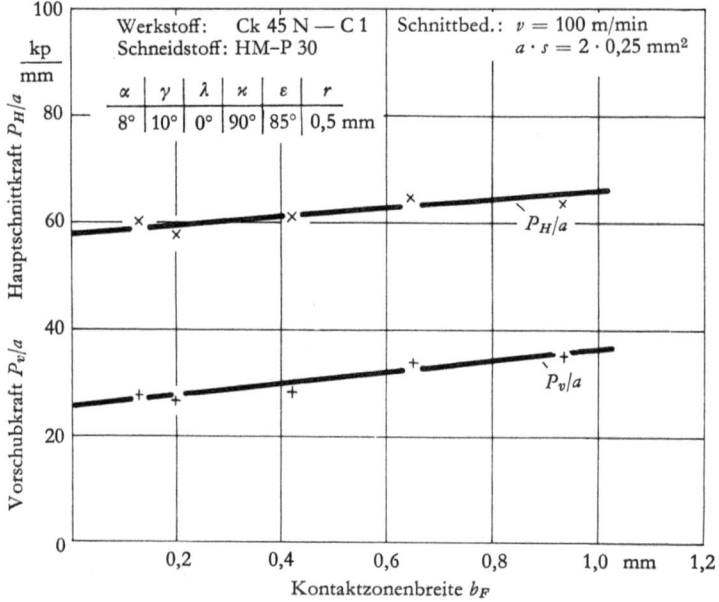

Abb. 14 Zunahme der Schnittkräfte mit der Kontaktzonenbreite b_F auf der Freifläche bei der Zerspanung des Werkstoffes Ck 45 – C 1

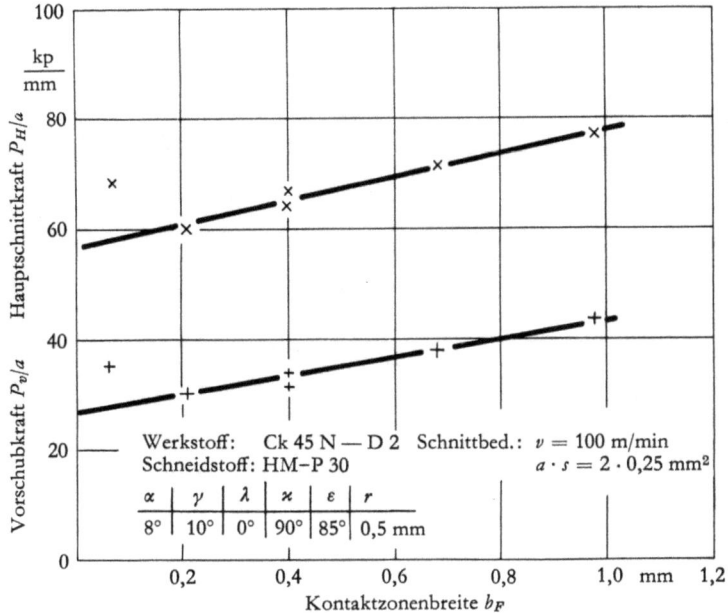

Abb. 15　Zunahme der Schnittkräfte mit der Kontaktzonenbreite b_F auf der Freifläche bei der Zerspanung des Werkstoffes Ck 45 – D 2

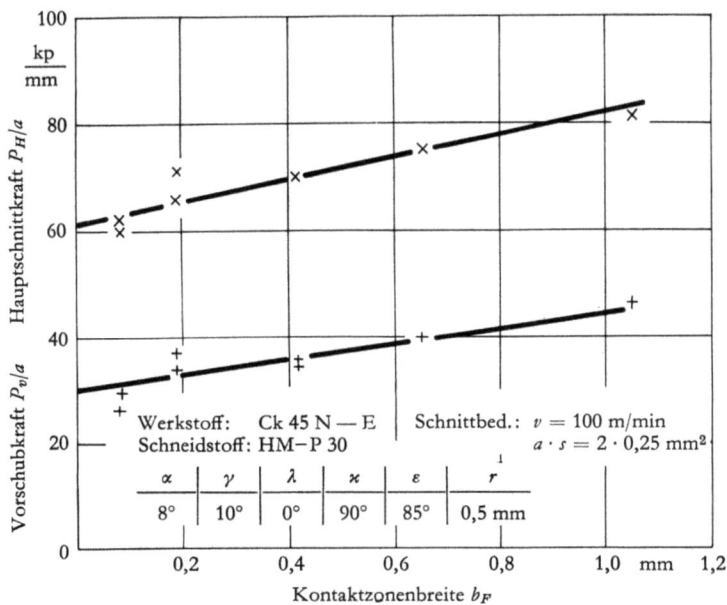

Abb. 16　Zunahme der Schnittkräfte mit der Kontaktzonenbreite b_F auf der Freifläche bei der Zerspanung des Werkstoffes Ck 45 – E 3

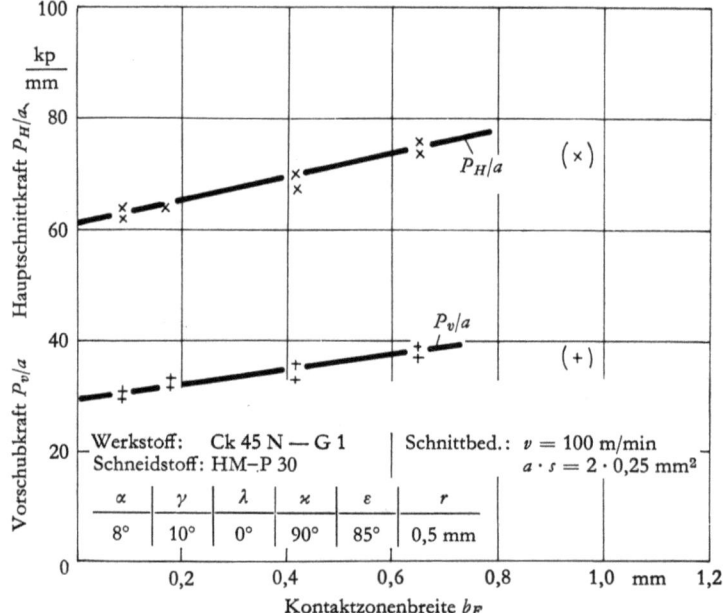

Abb. 17 Zunahme der Schnittkräfte mit der Kontaktzonenbreite b_F auf der Freifläche bei der Zerspanung des Werkstoffes Ck 45 – G 1

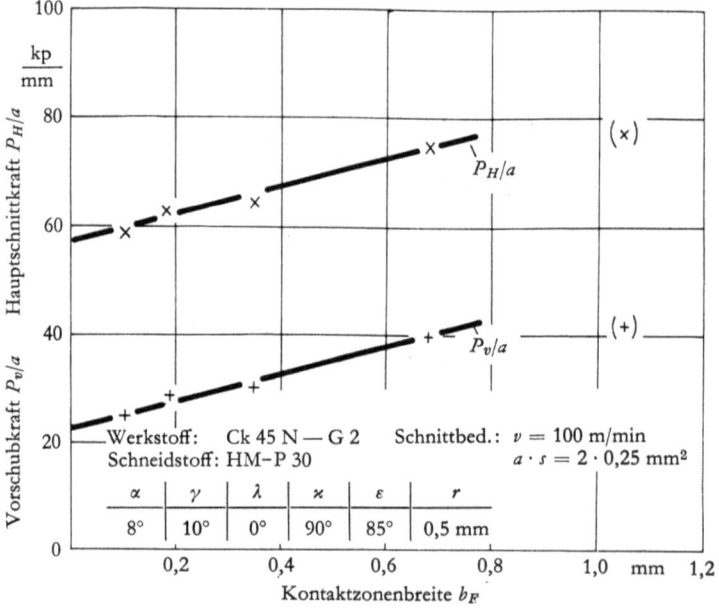

Abb. 18 Zunahme der Schnittkräfte mit der Kontaktzonenbreite b_F auf der Freifläche bei der Zerspanung des Werkstoffes Ck 45 – G 2

Die aus den Diagrammen in Abb. 12–17 errechneten Werte τ_α, p_α, τ_α/p_α sowie die entsprechenden Stundenschnittgeschwindigkeiten $v_{60\,B\,0,2}$ und $T_{B\,0,2}$-Werte für eine Schnittgeschwindigkeit von 100 m/min sind in Tab. 4 angegeben.
Ein Vergleich der Werte τ_α und p_α mit den Stundenschnittgeschwindigkeiten $v_{60\,B\,0,2}$ und den Standzeiten $T_{B\,0,2}$ zeigt, daß eine Abhängigkeit zwischen diesen Werten nicht besteht. Wählt man dagegen als Kennwert für die Reibungsverhältnisse auf der Freifläche den Wert τ_α/p_α und stellt ihn den Ergebnissen der Langzeitverschleißmessungen gegenüber (Abb. 18), so ist mit kleiner werdendem Wert τ_α/p_α eine Zunahme der Standzeit zu beobachten, wobei die Werte für die

Tab. 4   Ergebnis der Schnittkraftmessungen mit definierten Kontaktzonenbreiten

Lfd. Nr.	Schmelzen-bezeichnung	τ_α [kp/mm²]	p_α [kp/mm²]	$\dfrac{\tau_\alpha}{p_\alpha}$	$v_{60\,B\,0,2}$ [m/min]	$T_{B\,0,2}$ bei $v = 100$ m/min [min]
1	B 3	23	15	1,53	86	40
2	C 1	8	10	0,8	120	120
3	D 2	21	15	1,4	84,5	36
4	E 3	22	15	1,47	73	26
5	G 1	21	13	1,61	53	10
6	G 2	26	26	1	112	85

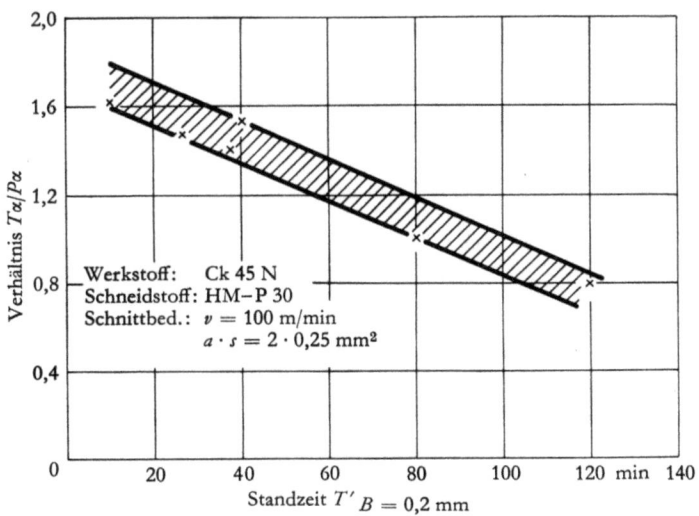

Abb. 19   Verhältnis τ_α/p_α in Abhängigkeit von der Standzeit $T_{B\,0,2}$

Standzeit in einem Streubereich von $\pm$ 10 min liegen. Bei dieser Feststellung ist allerdings zu beachten, daß wegen Versuchsstreuungen die Bestimmung der Werte $\tau\alpha$ und $p\alpha$ nicht in allen Fällen mit hinreichender Genauigkeit möglich war und eine Abweichung dieser Werte von nur 1 kp/mm eine wesentliche Änderung des Wertes τ_α/p_α zur Folge hat. Weitere Untersuchungen in größerem Umfange müssen noch zeigen, ob auf diese Weise eine eindeutige Kennzeichnung verschiedener Schmelzen auf ihr Standzeitverhalten für den Freiflächenverschleiß möglich ist.

8. Einfluß oxydischer Einschlüsse auf das Verschleißverhalten von Hartmetallwerkzeugen

Zum ersten Male weist KÖNIG [8] darauf hin, daß wahrscheinlich ein großer Teil der in der Praxis und in den Forschungslaboratorien beobachteten Streuungen im Verschleißverhalten von Werkstoffen gleicher Normbezeichnung auf die Bildung oxydischer Beläge zurückzuführen ist. Bei der Zerspanung bestimmter Werkstoffe, die bei der Erschmelzung einer besonderen Desoxydation unterworfen werden, tritt in den Kontaktzonen zwischen dem ablaufenden Span und der Spanfläche und unter bestimmten Bedingungen auch in der Verschleißzone Freifläche–Schnittfläche eine Fremdschicht auf, die das Werkzeug vor Verschleiß schützt. Diese Schicht ist nicht zu verwechseln mit einer Aufbauschneide, wie sie bei der Zerspanung mit niedrigen Schnittgeschwindigkeiten beobachtet werden kann.

Aus Abb. 20 ist ersichtlich, daß die Bildung dieser Fremdschichten temperaturabhängig ist; so nimmt die Höhe des oxydischen Belags mit abnehmender Schnittgeschwindigkeit zu (Abb. 21). Eine notwendige Voraussetzung für die Entstehung der Beläge ist das Vorhandensein von Titankarbid im Hartmetallwerkzeug. Während Oxidbeläge auch bei Zerspanungsversuchen mit Schneidkeramik auftreten, konnten bis heute Oxidbeläge auf Schnellarbeitsstahlwerkzeugen nicht beobachtet werden.

Die Bestimmung der chemischen Zusammensetzung der Oxidbeläge nach herkömmlichen analytischen Methoden stößt auf Schwierigkeiten, da wegen der geringen Schichtdicken günstigenfalls etwa 0,03 mm^3 zur Verfügung stehen, und die Schichten teilweise sehr heterogen aufgebaut sind. Ein geeignetes Analysengerät für derartig dünne inhomogene Schichten ist die Elektronenmikrosonde. Die zu analysierende Probe wird dabei durch direkten Beschuß mit Elektronenstrahlen zur Aussendung charakteristischer Röntgeneigenstrahlung der getroffenen Elemente angeregt. Durch die Anwendung fein fokusierter Elektronenstrahlen können Zonen von 1 µm Durchmesser und Tiefe einer quantitativen Analyse unterzogen werden. Die mit Hilfe dieses Gerätes punktweise und auch flächenweise durchgeführten Analysen führten zum Nachweis der Elemente Mangan, Schwefel, Aluminium, Silizium, Calcium und Eisen. Die in Abb. 22 dargestellten Röntgenbilder lassen qualitativ in den Kontrastunterschieden die Verteilung der Elemente in den Belägen erkennen. Es wurde jeweils eine Fläche von 0,5 mm^2 abgerastert, wie im unteren Bildteil dargestellt ist, wobei die $K\alpha$-Eigenstrahlung der Elemente aufgenommen wurde. Unter den Bildern sind die Ergebnisse einer quantitativen Analyse angegeben. Neben den in Abb. 22 angegebenen Elementen wurde noch Eisen in den Belägen zu 1,6–4,3% unabhängig von der Größe der Schnittgeschwindigkeit ermittelt.

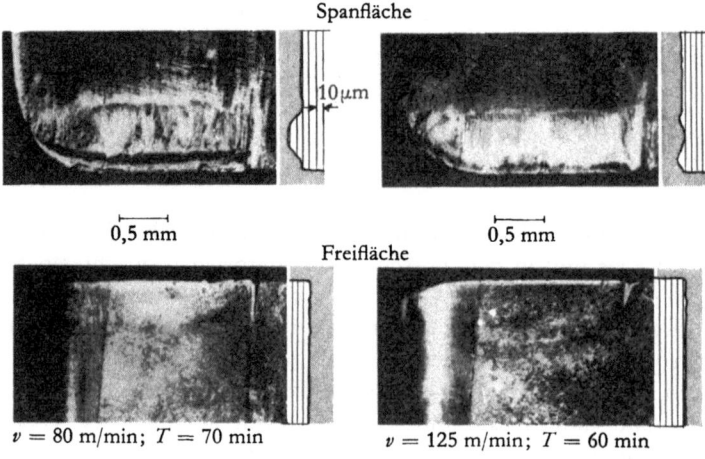
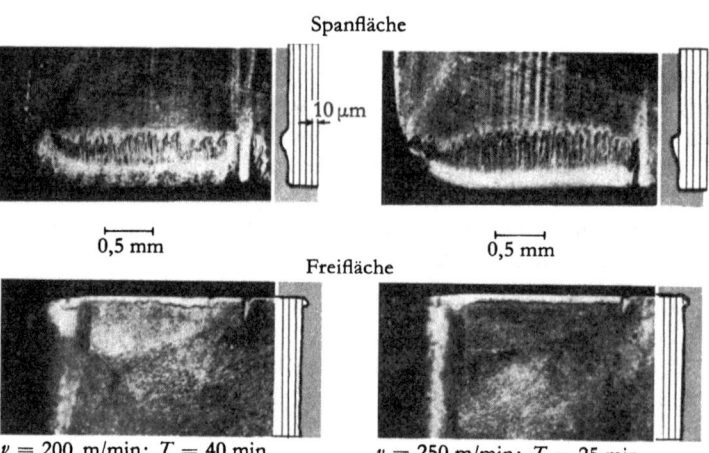

Abb. 20 Oxidische Beläge auf Hartmetalldrehwerkzeugen
(Ck 45; HM – P 20; $a \cdot s = 2 \cdot 0{,}25$ mm^2)

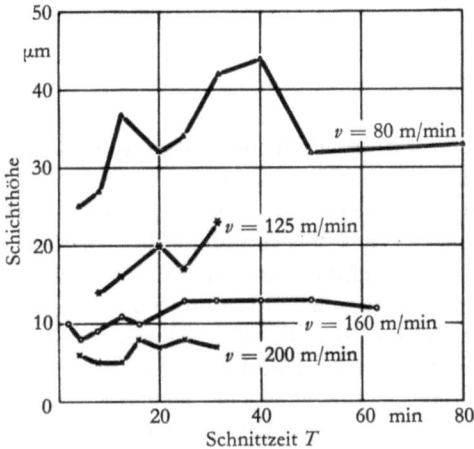

Abb. 21 Schichthöhe oxidischer Beläge
(Ck 45; HM – P 20; $a \cdot s = 2 \cdot 0{,}25$ mm²)

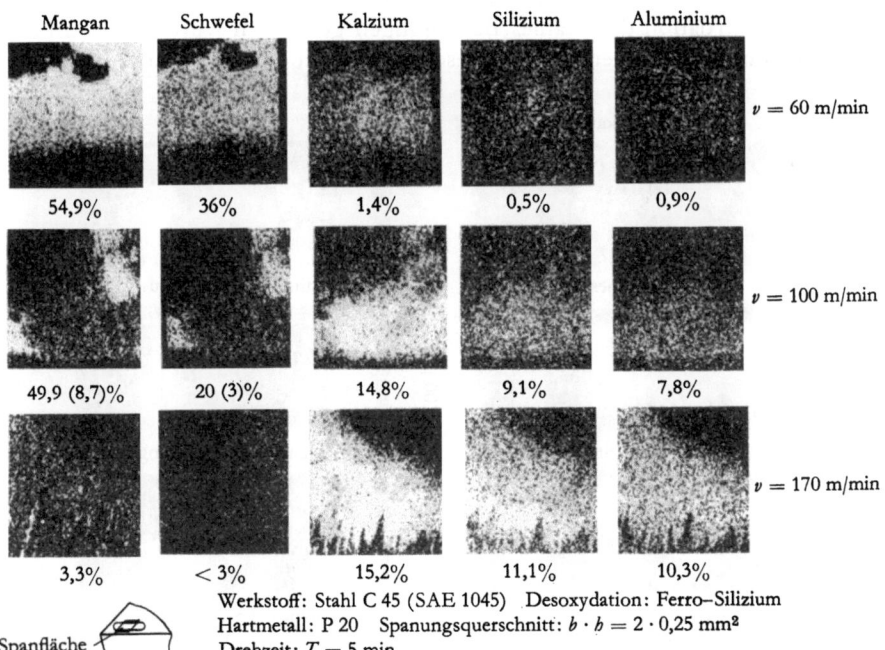

Werkstoff: Stahl C 45 (SAE 1045)   Desoxydation: Ferro–Silizium
Hartmetall: P 20   Spanungsquerschnitt: $b \cdot h = 2 \cdot 0{,}25$ mm²
Drehzeit: $T = 5$ min

Abb. 22 Verteilung verschiedener Elemente in einem sulfidischen und/oder oxidischen Belag auf der Spanfläche eines Hartmetalldrehwerkzeuges

Der Aufbau der Beläge muß – zumindest bei mittleren Schnittgeschwindigkeiten – als relativ inhomogen angesehen werden, wie aus Abb. 23 entnommen werden kann. Ein Vergleich der Helligkeitsunterschiede im lichtoptischen Bild mit den Kontrastunterschieden in den Röntgenbildern lassen zwei selbständig nebeneinander liegende Phasen mit den Elementen Mangan und Schwefel, zum anderen Aluminium, Calcium und Silizium erkennen.

Untersuchungen über den kristallinen Aufbau der Schichten gestalten sich durch den Nachweis von sechs Elementen in unterschiedlicher Verteilung sehr schwierig. Mit Hilfe der Feinbereichsbeugung mit Elektronenstrahlen konnten in den Hauptintensitäten die Gitterabstände für α–MnS und α–Fe nachgewiesen werden. Daneben treten Aluminium- bzw. Calcium–Aluminium-Silikate auf, für die eine Zuordnung zu bereits untersuchten Verbindungen bisher nicht eindeutig möglich war. Der teilweise oxydische Charakter der Schichten wird dadurch bestätigt, daß die Beläge elektrisch nicht leitend, relativ beständig gegen Säuren sind und eine hohe Härte besitzen.

Durch das Auftreten von Elementen, die an der Desoxydation des Stahles beteiligt sind, kann vermutet werden, daß die Ursachen für die Bildung der oxydischen Beläge in den Desoxydationsprodukten des Stahles zu suchen sind. Alle Stähle, bei deren Bearbeitung mit Hartmetallwerkzeugen diese Beläge beobachtet wurden, waren mit Calcium–Silizium oder Ferro–Silizium desoxidiert worden. Es kann daher angenommen werden, daß alle bisher durch Beläge beobachteten Verbesserungen in der Zerspanbarkeit dadurch begründet sind, daß rein zufällig bei der Desoxydation des Stahles Bedingungen geschaffen wurden, die ein Abscheiden von verschleißhemmenden Desoxydationsprodukten in der Kontaktzone

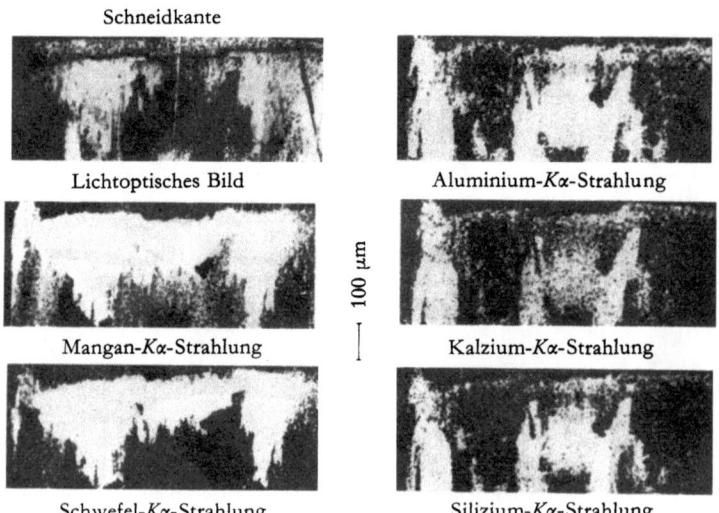

Werkstoff: Ck 45; HM P 20; $a \cdot s = 2 \cdot 0{,}25$ mm^2; $v = 100$ m/min

Abb. 23 Verteilung verschiedener Elemente in einem Spanflächenbelag bei einer mittleren Drehgeschwindigkeit

Span–Werkzeug während des Zerspanungsvorganges möglich machten. Die Kenntnis der physikalischen und chemischen Eigenschaften der Beläge führte in der Zwischenzeit zur Entwicklung bestimmter Desoxydationslegierungen [15], so daß heute gezielt Stähle hergestellt werden können, bei deren Zerspanung die Belagbildung nicht nur auf die Spanfläche beschränkt bleibt, sondern auch die Freifläche erfaßt. Weitere Untersuchungen erstreckten sich auf die Zerspanung von Werkstücken aus drei Schmelzen des Stahles Ck 45 (Bezeichnung 2–4), die mit einer Sonderlegierung desoxidiert wurden [16]. Als Vergleichswerkstoff diente ein Stahl Ck 45, der mit Aluminium beruhigt worden war (Bezeichnung 1). Bei vergleichbaren Gefügezuständen lag die Festigkeit des aluminiumdesoxidierten Stahles mit $\sigma_B = 62{,}5$ kp am niedrigsten, so daß ein Einfluß der Festigkeit auf das günstige Zerspanungsverhalten der übrigen untersuchten Schmelzen ausgeschlossen werden kann.

Bei der Bearbeitung der Werkstücke aus der Vergleichsschmelze konnten für den Freiflächenverschleiß die normalen Verschleißabhängigkeiten mit der Schnittzeit ermittelt werden. Während für diese Schmelze eine eindeutige Schnittgeschwindigkeitsabhängigkeit der Verschleißmarkenbreite B vorliegt, können für die übrigen Schmelzen bis zu Schnittgeschwindigkeiten von 200 m/min nur bestimmte Bereiche für die Verschleißmarkenbreite B angegeben werden (Abb. 24). Infolge einer Belagbildung auf der Freifläche der Werkzeuge werden selbst bis zu hohen Schnittzeiten nur sehr kleine Verschleißgrößen erreicht, bei denen Meß-

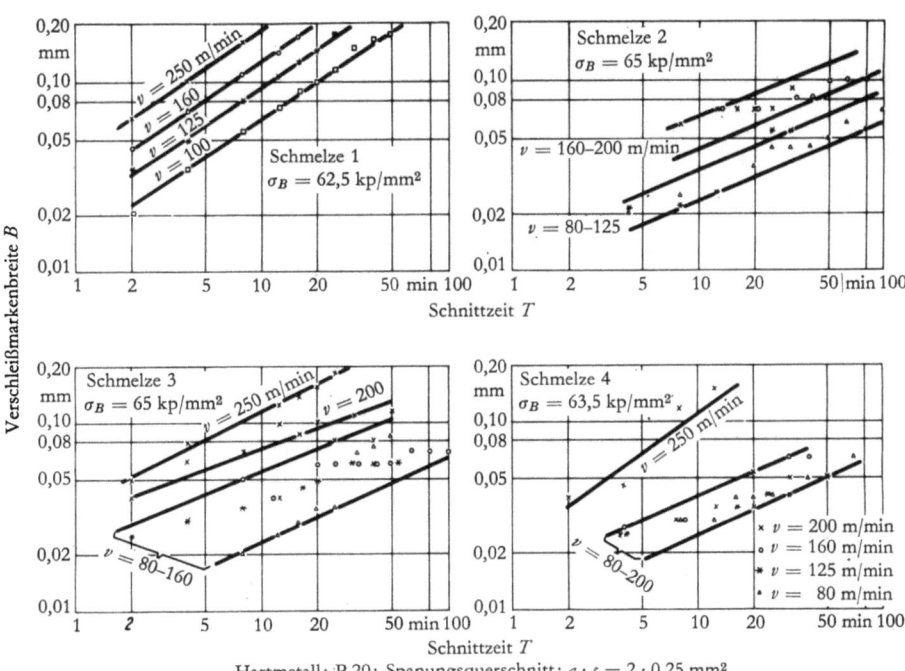

Abb. 24   Freiflächenverschleiß beim Drehen verschiedener Schmelzen eines Stahles Ck 45

ungenauigkeiten stark in Erscheinung treten. Ein genaues Ausmessen der Verschleißmarkenbreite ist sehr schwierig, da die oxidischen Beläge die tatsächlich auftretende Verschleißmarkenbreite meist überdecken und somit größere Verschleißwerte vortäuschen. Auf eine übliche Ermittlung der Stundenschnittgeschwindigkeiten v_{60} für eine konstante Verschleißmarkenbreite mußte verzichtet werden, da einmal die übliche Standzeitschnittgeschwindigkeitsabhängigkeit nicht im gesamten untersuchten Schnittgeschwindigkeitsbereich gegeben ist, zum anderen ein Verschleißkriterium von $B = 0,2$ mm, wie es normalerweise zur Bestimmung von v_{60}-Werten herangezogen wird, erst bei hohen Drehzeiten erreicht wird.

Wie aus Abb. 24 weiterhin entnommen werden kann, liegt der Einfluß oxidischer Beläge auf den Verschleiß an der Freifläche in einem Schnittgeschwindigkeitsbereich, der selbst bei Plandreh- und Kopieroperationen in vielen Fällen überstrichen wird. In Abb. 25 sind die Verschleißmarkenbreiten für drei Schnittgeschwindigkeiten für eine Schnittzeit von 20 min gegenübergestellt. Die doppelt schraffierten Säulenteile geben dabei die Streubereiche an. Neben dem starken Einfluß der oxidischen Beläge auf den Freiflächenverschleiß kommt in dieser Darstellung weiterhin zum Ausdruck, mit welcher Treffsicherheit derartig belagbildende Schmelzen heute hergestellt werden können.

Ein Kolkverschleiß wurde nur bei der Vergleichsschmelze festgestellt, für die die Stundenschnittgeschwindigkeit $v_{60\,K\,0,1}$ zu 105 m/min ermittelt wurde. Dagegen konnte für alle übrigen Werkstoffe, die einer bestimmten Desoxydation unterworfen wurden, in einem Schnittgeschwindigkeitsbereich von 80 bis 200 m/min kein Kolkverschleiß beobachtet werden.

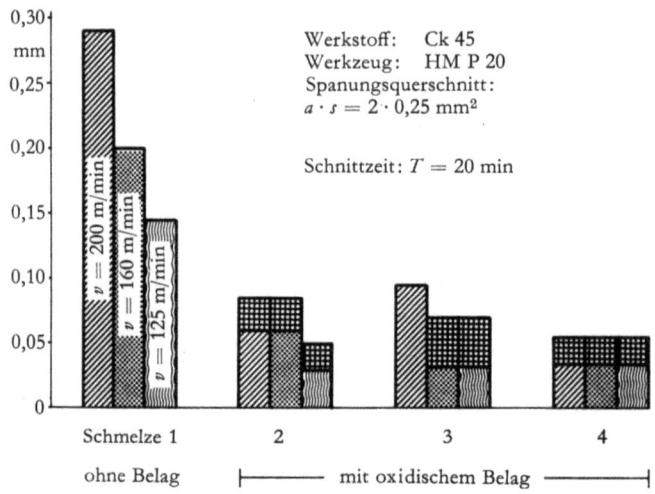

Abb. 25 Einfluß oxidischer Beläge auf den Freiflächenverschleiß beim Drehen

9. Zusammenfassung

Bei der Aufstellung von Richtwerten für die spanabhebende Bearbeitung wurde festgestellt, daß Werkstücke aus verschiedenen Schmelzen eines Normwerkstoffes bei der Bearbeitung mit Hartmetallwerkzeugen einen unterschiedlich starken Verschleiß verursachen können. Angeregt durch diese Feststellung werden ungefähr seit dem Jahre 1950 von verschiedenen Versuchsstellen in Forschung und Praxis Untersuchungen durchgeführt mit dem Ziel, die Variationsbreite der Streuungen in der Zerspanbarkeit festzustellen und die Ursachen hierfür zu ermitteln.

Besonders in den letzten Jahren sind die Anforderungen der Industrie an die Gleichmäßigkeit der gelieferten Werkstoffe infolge der zunehmenden Automatisierung der Fertigung weiter gestiegen. Diesen Wünschen hat man seitens der Stahlwerke durch metallurgische Maßnahmen bereits im größeren Umfang Rechnung getragen. Es lag daher nahe, die Auswirkung dieser Maßnahmen auf die Zerspanbarkeit von Werkstoffen gleicher Normbezeichnung zu ermitteln. Der vorliegende Forschungsbericht befaßt sich deshalb mit Streuwertuntersuchungen der Zerspanbarkeit von Werkstücken aus verschiedenen Schmelzen des unlegierten Kohlenstoffstahles C 45 N und Ck 45 N beim Drehen mit Hartmetallwerkzeugen der Zerspanungsanwendungsgruppen P 20 und P 30. Dabei sollte zunächst festgestellt werden, mit welchen Streuungen in der Zerspanbarkeit von Normwerkstoffen heute noch gerechnet werden muß.

Die Untersuchungen zeigen, daß normalerweise für den Kolkverschleiß die Unterschiede in den Stundenschnittgeschwindigkeiten relativ gering sind, wenn man von einem anomal guten Standzeitverhalten durch Bildung oxydischer Beläge auf den Verschleißflächen der Werkzeuge einmal absieht. Die noch auftretenden Streuungen in den v_{60}-Werten betragen bei Einsatz von Hartmetall P 30 nur noch 30 m/min und müssen den Stählen als technischem Produkt durchaus zugebilligt werden. Dagegen bleiben starke Unterschiede in den v_{60}-Werten für den Freiflächenverschleiß, die bis über 100% betragen können.

Untersuchungen zur Ermittlung der Ursachen für die Streuungen führten zu dem Ergebnis, daß für die Beurteilung der Verschleißwirkung der einzelnen Schmelzen bestimmte Werkstoffkennwerte, wie die chemische Zusammensetzung, Festigkeit oder Gefügeausbildung, allein nicht ausreichend sind. Weitere Untersuchungen beschäftigen sich mit der Möglichkeit, aus Schnittkraftmessungen mit definierten Kontaktzonenbreiten auf der Freifläche der Werkzeuge zu Kennwerten für das Standzeitverhalten für den Freiflächenverschleiß zu gelangen. Die Untersuchungen zeigen, daß gewisse Abhängigkeiten zwischen den Reibungsverhältnissen auf der Freifläche und dem Freiflächenverschleiß bestehen.

Bei früheren Streuwertuntersuchungen wurde wiederholt die Erfahrung gemacht, daß es Werkstoffe gibt, die sich bei der Zerspanung mit Hartmetallwerkzeugen durch ein ungewöhnlich gutes Standzeitverhalten auszeichnen. In neueren Untersuchungen konnte nachgewiesen werden, daß die Ursache für ein derart gutes Verschleißverhalten in der Bildung oxydischer Beläge auf den Verschleißflächen der Werkzeuge zu suchen ist. Für die Entstehung dieser Fremdschichten können bestimmte nichtmetallische Einschlüsse im Stahl verantwortlich gemacht werden. Während das Auftreten derartiger Einschlüsse im Stahl bisher als rein zufällig angesehen werden mußte, ist es heute nach der Klärung der Entstehungsursachen zur Bildung oxydischer Beläge möglich, durch spezielle Desoxydationsmethoden solche Stähle gezielt herzustellen.

Literaturverzeichnis

[1] WIEST, P., Zerspanung in Prüfung und Praxis. 4. KoKoMa, München 1959.
[2] SIEBEL, H., Fragen der Standzeitbestimmung. Ind. Anz. (1959), Nr. 36, S. 27–23.
[3] WITTHOFF, J., Die Ermittlung der günstigsten Bearbeitungsbedingungen bei der spanabhebenden Formgebung. Werkstatt und Betrieb 85 (1952).
[4] Vergleich der Ergebnisse von Zerspanbarkeitsuntersuchungen sowie von Gefüge- und Festigkeitsuntersuchungen an Einsatz- und Vergütungsstählen. Stahl und Eisen 82 (1963), Heft 20, S. 1209–1226; Heft 21, S. 1302–1315.
[5] SCHAUMANN, R., Streuwertuntersuchungen der Zerspanbarkeit von Stahlwerkstoffen. Der Maschinenmarkt 62 (1956), Nr. 47/48, S. 37–52.
[6] WEVER, F., H. J. WIESTER, W. STRASSBURG, H. OPITZ und K. H. FRÖHLICH, Einfluß der Wärmebehandlung auf die Zerspanbarkeit von Einsatz- und Vergütungsstählen. Archiv für das Eisenhüttenwesen 27 (1956), Heft 6, S. 381–400.
[7] KÄMMER, K., und P. WIEST, Schwankungen der Zerspanbarkeit von Stahl C 60 und ihre Auswirkung auf die Fertigung. Ind. Anz. (1962), Nr. 11, S. 170–174.
[8] KÖNIG, W., Beitrag zur Ermittlung der Ursachen für ein unterschiedliches Kolkstandzeitverhalten bei der Zerspanung von Werkstoffen gleicher Normbezeichnung mit Hartmetallwerkzeugen. Dr.-Ing.-Dissertation, TH Aachen 1962.
[9] OPITZ, H., G. OSTERMANN und M. GAPPISCH, Untersuchung der Ursachen des Werkzeugverschleißes. Forschungsbericht des Landes Nordrhein-Westfalen Nr. 1011. Westdeutscher Verlag, Köln und Opladen (1961).
[10] OPITZ, H., und G. OSTERMANN, Einfluß des Umwandlungsverhaltens von Stählen auf den Werkzeugverschleiß bei deren Zerspanung mit Meißeln aus Hartmetalllegierungen. Stahl und Eisen 79 (1959), S. 514–522.
[11] VIEREGGE, G., Zerspanung der Eisenwerkstoffe. Verlag Stahleisen, Düsseldorf 1959.
[12] BUSCHING, M., und W. ZIELONKOWSKI, Neuere Untersuchungen über Zerspanbarkeitskriterien. Der Maschinenmarkt 65 (1959), Nr. 2, S. WP 10.
[13] OPITZ, H., M. GAPPISCH, W. KÖNIG, R. PAPE und A. WICHER, Einfluß oxydischer Einschlüsse auf die Bearbeitbarkeit von Stahl Ck 45 mit Hartmetalldrehwerkzeugen. Archiv für das Eisenhüttenwesen 33 (1962), Heft 12, S. 841–851.
[14] OPITZ, H., W. KÖNIG und W.-D. NEUMANN, Einfluß verschiedener Schmelzen auf die Zerspanbarkeit von Gesenkschmiedestücken. Forschungsbericht des Landes Nordrhein-Westfalen Nr. 1348. Westdeutscher Verlag, Köln und Opladen (1964).
[15] WICHER, A., Oxydische Einschlüsse im Stahl als Mittel zur Werkzeugersparnis. Vortrag, 6. FOKOMA, München 1964 (Veröffentlichung demnächst).
[16] KÖNIG, W., Einfluß oxydischer Einflüsse auf die Zerspanbarkeit von Kohlenstoffstählen. Vortrag, 6. FOKOMA, München 1964 (Veröffentlichung demnächst im Z. Werkzeugmaschinen-Praxis).
[17] ZIELONKOWSKI, W., Die Auswirkung oxydischer Einschlüsse in Stahlwerkstoffen auf den Kolkverschleiß von Hartmetalldrehwerkzeugen. Der Maschinenmarkt 68 (1962), Nr. 62, S. 19–31.

[18] Schallbroch, H., und Bethmann, Kurzprüfverfahren der Zerspanbarkeit. Teubner-Verlag, Leipzig 1950.
[19] Fleck, R., Prüfung der Zerspanbarkeit. Dr.-Ing.-Dissertation, TH Aachen 1961.
[20] Koelzer, H., und K. H. Marten, Anwendungsmöglichkeiten und Grenzen des Schnittgeschwindigkeitssteigerungsverfahrens, eines Kurzprüfverfahrens für die Zerspanbarkeit. Werkstattstechnik 50 (1960), Heft 6, S. 301–304.
[21] Weber, G., Die Beziehung zwischen Spanentstehung, Verschleißformen und Zerspanbarkeit beim Drehen von Stahl. Dr.-Ing.-Dissertation, TH Aachen 1954.
[22] Heinhold, J., und H. Schneeberger, Zur Theorie des Werkzeugverschleißes beim Abdrehen mit Hartmetall. Der Maschinenmarkt 64 (1958), Nr. 27, S. 20–23; Nr. 35, S. 19–24.
[23] Heinhold, J., und H. Schneeberger, Auswertung von Zerspanungsversuchen mit Hilfe von elektronischen Rechenanlagen. Der Maschinenmarkt 68 (1962), Nr. 28, S. 19–30.
[24] Pahlitzsch, G., und G. Kamiske, Über das Verhalten keramischer Werkzeuge beim Drehen. Werkstatt und Betrieb 94 (1961), Heft 7, S. 467–477.
[25] Müller, E., Der Verschleiß von Hartmetallwerkzeugen und seine kurzzeitige Ermittlung. Dissertation, ETH Zürich 1962.
[26] Gappisch, M., und W. Schilling, Spanbildung und Werkzeugverschleiß bei der Bearbeitung von Stahl mit Hartmetallwerkzeugen. Ind. Anz. (1962), S. 2109–2114.
[27] Kattwinkel, W., Untersuchungen an Schneiden spanender Werkzeuge mit Hilfe der Spanungsoptik. Ind. Anz. (1957), S. 525–532.
[28] Röhlke, G., Zur Mechanik des Zerspanungsvorganges. Werkstatt und Betrieb 91 (1958), S. 473–483.
[29] Kobayashi, S., und E. G. Thomsen, The Role of Friction in Metal Cutting. Trans. ASME, Ser. B 82 (1960), S. 324–332.
[30] Kobayashi, S., R. P. Herzog, D. M. Eggleston und E. G. Thomsen, A Critical Comparison of Metal Cutting Theories with New experimental Data. Trans. ASME, Ser. B 82 (1960), S. 333.
[31] Thomsen, E. G., H. G. Dohmen und E. Schaller, Anwendung der Plastizitätsmechanik auf den Zerspanungsvorgang. Ind. Anz. (1963), Nr. 46, S. 967–974.
[32] Meyer, K. F., Vorschub- und Rückkräfte beim Drehen mit Hartmetallwerkzeugen. Dr.-Ing.-Dissertation, TH Aachen 1963.

FORSCHUNGSBERICHTE DES LANDES NORDRHEIN-WESTFALEN

Herausgegeben im Auftrage des Ministerpräsidenten Dr. Franz Meyers
von Staatssekretär Prof. Dr. h. c. Dr.-Ing. E. h. Leo Brandt

EISENVERARBEITENDE INDUSTRIE

HEFT 39
Forschungsgesellschaft Blechverarbeitung e. V., Düsseldorf
Aus den Arbeiten des Instituts für Werkzeugmaschinen an der Technischen Hochschule Hannover
Untersuchungen an prägegemusterten und vorgelochten Blechen
1953. 40 Seiten, 34 Abb. DM 9,50

HEFT 43
Forschungsgesellschaft Blechverarbeitung e. V., Düsseldorf
Forschungsergebnisse über das Beizen von Blechen
1953. 41 Seiten, 38 Abb., 3 Tabellen. Vergriffen

HEFT 51
Verein zur Förderung von Forschungs- und Entwicklungsarbeiten in der Werkzeugindustrie e. V., Remscheid
Untersuchungen an Kreissägeblättern für Holz, Fehler- und Spannungsprüfverfahren
1953. 39 Seiten, 23 Abb. DM 10,—

HEFT 56
Forschungsgesellschaft Blechverarbeitung e. V., Düsseldorf
Untersuchungen über einige Probleme der Behandlung von Blechoberflächen
1953. 41 Seiten, 42 Abb. DM 11,20

HEFT 60
Forschungsgesellschaft Blechverarbeitung e. V., Düsseldorf
Untersuchungen über das Spritzlackieren im elektrostatischen Hochspannungsfeld
1954. 82 Seiten, 53 Abb., 7 Tabellen. Vergriffen

HEFT 61
Verein zur Förderung von Forschungs- und Entwicklungsarbeiten in der Werkzeugindustrie e. V., Remscheid
Schwingungs- und Arbeitsverhalten von Kreissägeblättern für Holz I
1953. 43 Seiten, 31 Abb. DM 11,40

HEFT 65
Fachverband Schneidwarenindustrie, Solingen
Untersuchungen über das elektrolytische Polieren von Tafelmesserklingen aus rostfreiem Stahl
1954. 79 Seiten, zahlreiche Abb., 9 Tabellen. DM 17,35

HEFT 87
Gemeinschaftsausschuß Verzinken, Düsseldorf
Untersuchungen über Güte von Verzinkungen
1954. 56 Seiten, 56 Abb., 3 Tabellen. Vergriffen

HEFT 98
Fachverband Gesenkschmieden, Hagen
Die Arbeitsgenauigkeit beim Gesenkschmieden unter Hämmern
1954. 117 Seiten, 55 Abb., 9 Tabellen. DM 24,75

HEFT 116
Prof. Dr.-Ing. E. Siebel und Dr.-Ing. Helmut Weiss, Stuttgart
Untersuchungen an einigen Problemen des Tiefziehens — I. Teil
1955. 59 Seiten, 50 Abb., 6 Tabellen. DM 14,50

HEFT 117
Dr.-Ing. H. Beißwänger, Stuttgart und Dr.-Ing. S. Schwandt, Trier
Untersuchungen an einigen Problemen des Tiefziehens — II. Teil
1954. 77 Seiten, 34 Abb., 8 Tabellen. DM 17,70

HEFT 150
Prof. Dr.-Ing. Otto Kienzle und Dipl.-Ing. F. Wilhelm Timmerbeil, Hannover
Das Durchziehen enger Kragen an ebenen Fein- und Mittelblechen
1955. 39 Seiten, 20 Abb., 8 Tabellen. DM 11,30

HEFT 177
Dipl.-Ing. Hans Stüdemann, Solingen und Dr.-Ing. W. Müchler, Essen
Entwicklung eines Verfahrens zur zahlenmäßigen Bestimmung der Schneideigenschaften von Messerklingen
1956. 92 Seiten, 68 Abb., 4 Tabellen. DM 22,20

HEFT 224
Dipl.-Ing. Hans Stüdemann und Ing. R. Beu, Forschungsinstitut für die Schneidwarenindustrie an der Fachschule für Metallgestaltung und Metalltechnik, Solingen
Verfahren zur Prüfung der Korrosionsbeständigkeit von Messerklingen aus rostfreiem Stahl
1956. 82 Seiten, 28 Abb. DM 16,90

HEFT 225
Dr.-Ing. Eginhard Barz, Remscheid
Der Spannungszustand von Gattersägeblättern
1956. 63 Seiten, 54 Abb. DM 16,50

HEFT 277
Dr.-Ing. W. Müchler, Forschungsinstitut für Metallgestaltung und Metalltechnik, Solingen
Direktor: Dipl.-Ing. Hans Stüdemann
Untersuchung und zahlenmäßige Bestimmung der Schneideigenschaften von Messern mit besonderer Berücksichtigung rostfreier Messerstähle
1956. 47 Seiten, 27 Abb., 5 Tabellen. DM 13,20

HEFT 283
Prof. Dr. phil. Franz Wever und
Dr.-Ing. Werner Lueg, Max-Planck-Institut für Eisenforschung, Düsseldorf
Warmstauchversuche zur Ermittlung der Formänderungsfestigkeit von Gesenkschmiede-Stählen
1956. 31 Seiten, 19 Abb. DM 9,90

HEFT 285
Prof. Dr.-Ing. Otto Kienzle, Dr.-Ing. Kurt Lange und Dipl.-Ing. Helmut Meinert, Institut für Werkzeugmaschinen und Umformtechnik der Technischen Hochschule Hannover
Einfluß der Oberfläche auf das Verschleißverhalten von Schmiedegesenken
1956. 50 Seiten, 29 Abb., 8 Tabellen. DM 14,60

HEFT 286
Dr.-Ing. Kurt Lange, Dipl.-Ing. Helmut Meinert, unter Mitarbeit von Dr.-Ing. Heinz Arend, Institut für Werkzeugmaschinen und Umformtechnik der Technischen Hochschule Hannover
Verschleißverhalten hartverchromter Schmiedegesenke
1956. 62 Seiten, 53 Abb., 6 Tabellen. DM 17,65

HEFT 321
Prof. Dr. phil. Franz Wever und
Dr. phil. Wolfgang Wepner, Max-Planck-Institut für Eisenforschung, Düsseldorf
Gleichzeitige Bestimmung kleiner Kohlenstoff- und Stickstoffgehalte im α-Eisen durch Dämpfungsmessung
1956. 17 Seiten, 4 Abb., 3 Tabellen. DM 6,80

HEFT 322
Prof. Dr.-Ing. Franz Bollenrath und
Dipl.-Ing. Wilhelm Domke, Aachen
Eigenspannungen in vergüteten, dickwandigen Stahlzylindern nach Oberflächenhärtung mit induktiver Erwärmung
1956. 17 Seiten, 9 Abb., 2 Tabellen. DM 6,90

HEFT 360
Dr.-Ing. Eginhard Barz, Remscheid
Fertigungsverfahren und Spannungsverlauf bei Kreissägeblättern für Holz
1957. 68 Seiten, 40 Abb. DM 17,—

HEFT 367
Dr. rer. nat. Dietrich Horstmann, Max-Planck-Institut für Eisenforschung und Gemeinschaftsausschuß Verzinken, Düsseldorf
Der Angriff eisengesättigter Zinkschmelzen auf kohlenstoff-, schwefel- und phosphorhaltiges Eisen
1957. 42 Seiten, 22 Abb., 6 Tabellen. DM 12,85

HEFT 375
Technischer Überwachungs-Verein e. V., Essen
Wanddickenmessungen mittels radioaktiver Strahlen und Zählrohrgerät
1958. 24 Seiten, 15 Abb. DM 9,55

HEFT 376
Technischer Überwachungs-Verein e. V., Essen
Wasserumlaufprobleme an Hochdruckkesseln
1958. 126 Seiten, 56 Abb., 8 Tabellen. DM 32,60

HEFT 377
Technischer Überwachungs-Verein e. V., Essen
Versuche an Wanderrostkesseln mit befeuchteter Verbrennungsluft
1958. 35 Seiten, 19 Abb., 2 Tabellen. DM 12,20

HEFT 395
Dipl.-Ing. Ludwig Hahn, Clausthal-Zellerfeld
Untersuchungen zur Frage des optimalen Bohrloch- und Patronendurchmessers
1957. 119 Seiten, 49 Abb., 19 Tabellen. DM 31,25

HEFT 445
Dr. Ing. Eginhard Barz, Remscheid
Fertigungs- und Prüfverfahren für Feilen
Vergriffen

HEFT 447
Prof. Dr.-Ing. Franz Bollenrath, Aachen
Dr.-Ing. H. Füllenbach, Seesen und
Dipl.-Ing. J. Schumacher, Neubeckum
Entwicklung rationell arbeitender Spritzkabinen
1958. 44 Seiten, 26 Abb. Vergriffen

HEFT 473
Prof. Dr. phil. Franz Wever, Dr.-Ing. Werner Lueg und Dipl.-Ing. Paul Funke jr., Max-Planck-Institut für Eisenforschung, Düsseldorf
Versuche an einer hydraulischen 25-t-Stangenziehbank
1957. 22 Seiten, 11 Abb. DM 8,95

HEFT 557
Dr.-Ing. Hans Schiffers, Dipl.-Ing. Dieter Ammann, Dipl.-Ing. Erich Brugger und Dipl.-Ing. Rudolf Dicke, Gießerei-Institut der Rhein.-Westf. Technischen Hochschule Aachen
Härtbarkeit von Gußeisen mit Lamellen- und Kugelgraphit in Abhängigkeit von Zusammensetzung und Gefüge
1958. 29 Seiten, 24 Abb., 1 Tabelle. DM 11,—

HEFT 630
Prof. Dr. phil. Walter Koch und Dr. techn. Dipl.-Ing. Hanns Malissa, Max-Planck-Institut für Eisenforschung, Düsseldorf
Beiträge zur Spurenanalyse im Reinsteisen
1958. 25 Seiten, 8 Tabellen. DM 7,60

HEFT 639
Prof. Dr.-Ing. habil. Karl Krekeler, Dr.-Ing. Heinz Peukert und Dipl.-Ing. Otto Schwarz, Institut für Kunststoffverarbeitung an der Rhein.-Westf. Technischen Hochschule Aachen
Auswertung der in- und ausländischen Literatur auf dem Gebiete des Metallklebens
1958. 152 Seiten. Vergriffen

HEFT 655
Dr. rer. pol. A. Theodor Wuppermann, Prof. Dr.-Ing. M. Pfender und Reg.-Rat Dipl.-Ing. E. Amedick, im Auftrage des Vereins Deutscher Eisenhüttenleute, Düsseldorf
Untersuchung des Einflusses von Oberflächenfehlern auf die Dauerhaltbarkeit von Kurbelwellen
1958. 48 Seiten, 101 Abb., 4 Tabellen. DM 10,—

HEFT 680
Prof. Dr. phil. Walter Koch, Dr.-Ing. Angelika Schrader, Dr.-Ing. habil. Alfred Krisch und Dipl.-Phys. Helmut Rohde, Max-Planck-Institut für Eisenforschung, Düsseldorf
Änderungen im Gefügeaufbau austenitischer Chrom-Nickel-Stähle bei Zeitstandversuchen von mehrjähriger Dauer
1959. 37 Seiten, 23 Abb., 5 Tabellen. DM 12,20

HEFT 681
Prof. Dr.-Ing. Dr.-Ing. E. h. Hermann Schenk und Dr.-Ing. Werner Wenzel, Institut für Eisenhüttenwesen der Rhein.-Westf. Technischen Hochschule Aachen
Die Reduktion von Eisenerzen im Elektro-Fließbett
1959. 76 Seiten, 20 Abb., 12 Tabellen. DM 19,60

HEFT 693
Prof. Dr.-Ing. Otto Kienzle, Dr.-Ing. Friedrich Wilhelm Timmerbeil und Dr.-Ing. Thomas Jordan, Hannover
Einige Untersuchungen über das Schneiden von Blechen
1959. 55 Seiten, 54 Abb., 3 Tabellen. DM 17,40

HEFT 702
Prof. Dr. phil. Walter Koch und Dipl.-Phys. Dr. rer. nat. Hans Lüdering, Max-Planck-Institut für Eisenforschung, Düsseldorf
Statistische Auswertung von Thomasroheisenproben guter und schlechter Verblasbarkeit
1959. 20 Seiten, 3 Abb., 3 Tabellen. DM 6,50

HEFT 703
Prof. Dr. phil. Walter Koch und Dipl.-Phys. Dr. phil. Heinz Sundermann, Max-Planck-Institut für Eisenforschung, Düsseldorf
Isolierungstechnische Untersuchungen an Thomasroheisen
1959. 28 Seiten, 16 Abb., 1 Tabelle. DM 9,—

HEFT 705
Dr.-Ing. Karl Ernst Mayer, Dr.-Ing. Helmut Knüppel, Ing. Arthur Stumpf, Dortmund-Hörder-Hüttenunion AG., Dortmund, und Prof. Dr. phil. Walter Koch, Max-Planck-Institut für Eisenforschung, Düsseldorf
Wege zur automatischen Überwachung des Thomasverfahrens
1959. 56 Seiten, 20 Abb., 7 Tabellen. DM 14,80

HEFT 714
Prof. Dr.-Ing. Wilhelm Patterson, Gießerei-Institut der Rhein.-Westf. Technischen Hochschule Aachen
Wirkung einer Gasspülung auf den Magnesiumverbrauch bei der Herstellung von Gußeisen mit Kugelgraphit
1959. 44 Seiten, 35 Abb., 14 Tabellen. DM 13,40

HEFT 728
Dr.-Ing. Klaus Spies, Dortmund
Die Zwischenformen beim Gesenkschmieden und ihre Herstellung durch Formwalzen
1959. 113 Seiten, 61 Abb., 2 Tabellen. DM 29,60

HEFT 740
Dr. rer. nat. Dietrich Horstmann, Max-Planck-Institut für Eisenforschung und Gemeinschaftsausschuß Verzinken, Düsseldorf
Einfluß einiger Eisen- und Zinkbegleiter auf Größe und Art des Zinkangriffs auf Eisen
1959. 38 Seiten, 22 Abb., 1 Tabelle. DM 12,60

HEFT 741
Dipl.-Ing. Hans Stüdemann, Dipl.-Ing. Fritz Esselborn und Ing. Hermann Hartmann, Forschungsinstitut an der Fachschule für Metallgestaltung und Metalltechnik, Solingen
Untersuchungen zur Prüfung der Korrosionsbeständigkeit rostbeständiger Besteckbleche aus Chromstahl
1959. 31 Seiten, 30 Abb., 4 Tabellen. DM 10,30

HEFT 742
Dr.-Ing. Eginhard Barz, Verein zur Förderung von Forschungs- und Entwicklungsarbeiten in der Werkzeugindustrie e. V., Remscheid
Schneideigenschaften von schneidenden Zangen und Prüfverfahren
1959. 66 Seiten, 40 Abb., 4 Tabellen. DM 18,40

HEFT 757
*Dr.-Ing. Angelika Schrader und
Dr.-Ing. habil. Alfred Krisch, Max-Planck-Institut für
Eisenforschung, Düsseldorf*
Mikroskopische Beobachtungen von Ausscheidungen in austenitischen und ferritischen Stählen nach dem Kriechversuch
1959. 21 Seiten, 22 Abb., 1 Tabelle. DM 8,60

HEFT 780
*Prof. Dr. phil. Franz Wever, Dr.-Ing. Werner Lueg und
Dr.-Ing. Paul Funke, Max-Planck-Institut für Eisenforschung, Düsseldorf*
Untersuchung von Walzölen und Walzölemulsionen im Kaltwalzversuch
1959. 68 Seiten, 28 Abb., mehr. Tabellen. DM 18,50

HEFT 781
Verein zur Förderung von Forschungs- und Entwicklungsarbeiten in der Werkzeugindustrie e.V., Remscheid
Verformungseinflüsse bei der Feilenherstellung
1959. 65 Seiten, 39 Abb. DM 20,—

HEFT 840
*Prof. Dr. phil. Franz Wever,
Dr.-Ing. Hans-Günter Müller und
Dr.-Ing. Paul Funke, Max-Planck-Institut für Eisenforschung, Düsseldorf*
Versuchsmäßige und rechnerische Bestimmung von Walzkraft und Drehmoment unter Einwirkung von Bandzugspannungen beim Kaltwalzen von Bandstahl
1960. 36 Seiten, 12 Abb., 3 Tafeln. DM 10,90

HEFT 841
Dr. rer. nat. Hubert Blanck, Max-Planck-Institut für Eisenforschung, Düsseldorf
Untersuchungen zur Kinetik des Martensitzerfalls
1960. 33 Seiten, 11 Abb. DM 10,30

HEFT 848
Dipl.-Ing. Hans-Jochen Stöter, Institut für Werkzeugmaschinen und Umformtechnik der Technischen Hochschule Hannover
Untersuchung des Schmiedevorganges in Hammer und Presse, insbesondere hinsichtlich des Steigens
1960. 133 Seiten, 62 Abb., 8 Tabellen. DM 35,60

HEFT 889
Dr.-Ing. Werner Hufschmidt, Lehrstuhl für Heizung und Lüftung an der Rhein.-Westf. Technischen Hochschule Aachen
Die Eigenschaften von Rippenrohrluftkühlern im Arbeitsbereich der Klimaanlage
1960. 125 Seiten, 37 Abb. DM 33,30

HEFT 890
Dr.-Ing. Heinz Meyer, Institut für Werkzeugmaschinen und Umformtechnik, Technische Hochschule Hannover
Untersuchungen über den Umformvorgang in Waagerecht-Stauchmaschinen
1960. 75 Seiten, 61 Abb., 3 Tabellen. DM 21,90

HEFT 916
*Dipl.-Ing. Hans-Joachim Crasemann, Forschungsstelle Blechbearbeitung am Institut für Werkzeugmaschinen und Umformtechnik der Technischen Hochschule Hannover
Direktor: Prof. Dr.-Ing. Dr.-Ing. E. h. Otto Kienzle*
Der offene, kreuzende Scherschnitt an Blechen
1960. 138 Seiten, 66 Abb., 10 Tabellen. DM 40,70

HEFT 1000
*Dipl.-Ing. Hartmut Tolkien, Institut für Werkzeugmaschinen und Umformtechnik der Technischen Hochschule Hannover
Direktor: Prof. Dr.-Ing. Dr.-Ing. E. h. Otto Kienzle*
Schmierwirkungen in Schmiedegesenken
*1961. 150 Seiten, 75 Abb., 2 Tabellen,
1 Anhang. DM 44,90*

HEFT 1004
Dr.-Ing. Eginhard Barz, Verein zur Förderung von Forschungs- und Entwicklungsarbeiten in der Werkzeugindustrie e.V., Remscheid
Untersuchung von Schraubendrehern und Schraubenverbindungen
1961. 68 Seiten, 26 Abb., 12 Tabellen. DM 22,30

HEFT 1027
Dr.-Ing. Eginhard Barz, Verein zur Förderung von Forschungs- und Entwicklungsarbeiten in der Werkzeugindustrie e.V., Remscheid
Prüfung von Feilen
1961. 57 Seiten, 23 Abb., 7 Tabellen. DM 20,50

HEFT 1028
Dr.-Ing. Siegfried Stendorf, Verein zur Förderung von Forschungs- und Entwicklungsarbeiten in der Werkzeugindustrie e.V., Remscheid
Das Gleitstauchen von Schneidezähnen an Sägen für Holz
1961. 138 Seiten, 85 Abb., 9 Tabellen. DM 47,10

HEFT 1056
*Dr.-Ing. Oskar Pawelski und Dr.-Ing. Werner Lueg †,
Max-Planck-Institut für Eisenforschung, Düsseldorf*
Der Spannungszustand beim Ziehen und Einstoßen von runden Stangen
1962. 106 Seiten, 35 Abb., 10 Tabellen. DM 33,60

HEFT 1089
*Direktor Dipl.-Ing. Hans Stüdemann und
Dr.-Ing. Fritz Esselborn, Forschungsinstitut an der Fachschule für Metallgestaltung und Metalltechnik, Solingen*
Untersuchungen über den Einfluß der Zusammensetzung und Gefügeausbildung auf das Härtungsverhalten des Stahles X 40 Cr 13
1962. 37 Seiten, 37 Abb., 8 Tabellen. DM 17,—

HEFT 1091
Dipl.-Ing. Kurt Buchmann, Forschungsgesellschaft Blechverarbeitung e.V., Düsseldorf
Beitrag zur Verschleißbeurteilung beim Schneiden von Stahlfeinblechen
1962. 126 Seiten, 77 Abb. DM 71,40

HEFT 1129
Prof. Dr.-Ing. Joseph Mathieu, Forschungsinstitut für Rationalisierung an der Rhein.-Westf. Technischen Hochschule, Aachen, im Auftrage des Fachverbandes Gesenkschmieden im Wirtschaftsverband Stahlverformung, Hagen
Richtwerte für eine Platzkostenrechnung in der Gesenkschmiedeindustrie
1963. 54 Seiten, 7 Tabellen, 52 Seiten tabellarischer Anhang. DM 63,30

HEFT 1140
Direktor Dipl.-Ing. Hans Stüdemann und
Dipl.-Ing. Fritz Esselborn, Forschungsinstitut an der Fachschule für Metallgestaltung und Metalltechnik, Solingen
Einflüsse der Prüfbedingungen auf die Ergebnisse von Schneideigenschaftsprüfungen an Messern
1962. 33 Seiten, 24 Abb. DM 14,80

HEFT 1162
Prof. Dr.-Ing. Dr.-Ing. E. h. Otto Kienzle und
Dipl.-Ing. Manfred Meyer, im Auftrage der Forschungsgesellschaft Blechverarbeitung e.V., Düsseldorf
Verfahren zur Erzielung glatter Schnittflächen beim vollkantigen Schneiden von Blech
1963. 114 Seiten, 71 Abb., 6 Tabellen. DM 60,40

HEFT 1164
Dr.-Ing. Eginhard Barz u. a., Verein zur Förderung von Forschungs- und Entwicklungsarbeiten in der Werkzeugindustrie e.V., Remscheid
Teil I: Arbeitsverhalten von scheibenförmigen Werkzeugen
Teil II: Schnittversuche von verleimten Holzwerkzeugen
1963. 90 Seiten, 16 Abb., 6 Tabellen. DM 44,80

HEFT 1171
Prof. Dr.-Ing., Dr.-Ing E. h. Otto Kienzle und
Dipl.-Ing. Kurt Haverbeck, Hannover, im Auftrage der Forschungsgesellschaft Blechverarbeitung e.V., Düsseldorf
Das Herstellen von Außenborden an Blechteilen zwischen Stempel und Ring
1963. 96 Seiten, 58 Abb. DM 54,50

HEFT 1347
Dr. rer. nat. Dietrich Horstmann, Max-Planck-Institut für Eisenforschung und Gemeinschaftsausschuß Verzinken, Düsseldorf
Allgemeine Gesetzmäßigkeiten des Einflusses von Eisenbegleitern auf die Vorgänge beim Feuerverzinken
1964. 27 Seiten, 17 Abb. 2 Tabellen. DM 16,50

HEFT 1348
Prof. Dr.-Ing. Dr. h. c. Herwart Opitz,
Dr.-Ing. Wilfried König und Dipl.-Ing. Wolf-Dieter Neumann, Laboratorium für Werkzeugmaschinen und Betriebslehre der Rhein.-Westf. Technischen Hochschule Aachen
Einfluß verschiedener Schmelzen auf die Zerspanbarkeit von Gesenkschmiedestücken
1964. 99 Seiten, 64 Abb., 12 Tabellen. DM 59,—

HEFT 1349
Dr.-Ing. Tin Ming Wu, Forschungsstelle Gesenkschmieden an der Technischen Hochschule Hannover
Untersuchungen über das Auftragsschweißen von Gesenken für Schmiedestücke aus Stahl
1964. 46 Seiten, 16 Abb., 14 Tabellen. DM 22,80

HEFT 1350
Prof. Dr. phil. Karl Löhberg,
Dipl.-Ing. Klaus Röhrig und Dr.-Ing. Peter Sahm, Institut für Gießereikunde der Technischen Universität Berlin
Über die Keimbildung in unlegiertem Kupfer und unlegiertem Eisen
1964. 77 Seiten, 22 Abb., 6 Tabellen. DM 36,—

HEFT 1352
Direktor Dipl.-Ing. Hans Stüdemann und
Dr.-Ing. Fritz Esselborn, Forschungsinstitut an der Fachschule für Metallgestaltung und Metalltechnik, Solingen
Die Ergebnisse von Schneideigenschaftsprüfungen an Messern unter Berücksichtigung des Einflusses der geometrischen Form des Messers und des Einflusses der Karbidverteilung und -größe im Werkstoff
1964. 39 Seiten, 48 Abb., 2 Tabellen. DM 21,—

HEFT 1353
Direktor Dipl.-Ing. Hans Stüdemann und
Dr.-Ing. Fritz Esselborn, Forschungsinstitut an der Fachschule für Metallgestaltung und Metalltechnik, Solingen
Untersuchungen über den Einfluß unterschiedlicher Herstellungsverfahren auf die Qualität rostbeständiger Messer
1964. 48 Seiten, 53 Abb. DM 22,50

HEFT 1354
Direktor Dipl.-Ing. Hans Stüdemann und
Dr.-Ing. Fritz Esselborn, Forschungsinstitut an der Fachschule für Metallgestaltung und Metalltechnik, Solingen
Untersuchungen über den Einfluß der Wärmebehandlung in Zusammenhang mit unterschiedlicher Herstellung auf die Eigenschaften von rostbeständigen Messern
1964. 33 Seiten, 42 Abb. DM 18,—

HEFT 1355
Dr.-Ing. habil. Alfred Krisch, Max-Planck-Institut für Eisenforschung, Düsseldorf
Kriechverhalten, Gefügeänderungen und Risse bei mehrjährigen Zeitstandversuchen
1964. 27 Seiten, 17 Abb., 6 Tabellen. DM 14,80

HEFT 1381
Dr.-Ing. Heinz Meyer-Nolkemper, Forschungsstelle Gesenkschmieden an der Technischen Hochschule Hannover
Im Auftrage des Verbandes Gesenkschmieden im Wirtschaftsverband Stahlverformung, Hagen
Dornen in Waagerecht-Stauchmaschinen
1964. 45 Seiten, 30 Abb., 2 Tabellen. DM 26,50

HEFT 1395
Prof. Dr. rer. techn. Fritz Reutter, Institut für Geometrie und Praktische Mathematik der Rhein.-Westf. Technischen Hochschule Aachen, Dr. rer. nat. Dieter Haupt, Rechenzentrum der Rhein.-Westf. Technischen Hochschule Aachen
Untersuchungen auf dem Gebiet der praktischen Mathematik
1964. 85 Seiten, 6 Abb., 10 Tabellen. DM 53,50

HEFT 1413
Dr. rer. nat. Dietrich Horstmann und Dipl.-Ing. Ulrich Krause, Max-Planck-Institut für Eisenforschung und Gemeinschaftsausschuß Verzinken, Düsseldorf
Einfluß von Oberflächenrauheit und Glühbehandlung auf die Güte verzinkter Bleche
1964. 22 Seiten, 9 Abb., 1 Tabelle. DM 14,—

HEFT 1421
Dr.-Ing. Hermann Füllenbach, Harry Lange, Harry Parthey und Iwan N. Stranski, Forschungsgesellschaft Blechverarbeitung e.V., Düsseldorf
Metallurgische und technologische Untersuchungen an Weichloten
1965. 69 Seiten, 53 Abb., 5 Tabellen. DM 33,—

HEFT 1462
Prof. Dr.-Ing. Dr.-Ing. E.h. Otto Kienzle und Dr.-Ing. Helmut Zabel, Forschungsstelle Gesenkschmieden an der Technischen Hochschule Hannover im Auftrage des Verbandes Deutscher Gesenkschmieden in Hagen
Zerteilen metallischer Stangen durch Abscheren
1965. 169 Seiten, 76 Abb., 4 Tabellen. DM 79,50

HEFT 1486
Dr. rer. nat. Dietrich Horstmann, Max-Planck-Institut für Eisenforschung, Düsseldorf, im Auftrage des Gemeinschaftsausschuß Verzinken, Düsseldorf
Der Einfluß des Blechwerkstoffes und der Verzinkungsbedingungen auf die Eigenschaften verzinkter Bleche und Bänder
1965. 33 Seiten, 14 Abb., 1 Tabelle. DM 18,80

HEFT 1504
Direktor Dipl.-Ing. Hans Stüdemann, Dipl.-Ing. Rolf Both und Ingenieur Ernst Lauterjung, Forschungsinstitut für Schneidwaren, Solingen
Entwicklung eines Prüfgerätes zur Messung des Schneidverhaltens feiner Messerschneiden, unter besonderer Berücksichtigung der Rasierklingen
1965. 43 Seiten, 48 Abb., 2 Tabellen. DM 25,80

HEFT 1534
Prof. Dr. phil. Adolf Rose, Max-Planck-Institut für Eisenforschung, Düsseldorf
Schweißbarkeit und Umwandlungsverhalten der Stähle *In Vorbereitung*

HEFT 1564
Prof. Dr.-Ing. Alfred H. Henning†, Prof. Dr.-Ing. habil. Karl Krekeler und Dipl.-Ing. Friedrich Mittrop, Institut für Kunststoffverarbeitung in Industrie und Handwerk der Rhein.-Westf. Technischen Hochschule Aachen, in Zusammenarbeit mit der Forschungsgesellschaft Blechverarbeitung e.V., Düsseldorf
Untersuchungen über die Kombination Metallkleben–Punktschweißen
1965. 31 Seiten, 20 Abb., 3 Tabellen. DM 19,80

HEFT 1577
Prof. Dr.-Ing. habil. Gerhard Oehler, Forschungsgesellschaft Blechverarbeitung e.V., Düsseldorf
Vergleich und Abgrenzung der Einsatzmöglichkeit der Abkantpressen, der Abkantmaschinen und der Profilwalzmaschinen für Biege-Profil-Formungen
In Vorbereitung

HEFT 1579
Direktor Dipl.-Ing. Hans Stüdemann, Dipl.-Ing. Hans Brundiek und Rudolf Grube, Forschungsinstitut für Schneidwaren, Solingen
Untersuchungen über den Einfluß der Zusammensetzung und Gefügeausbildungen auf das Anlaßverhalten des Stahles X 40 Cr 13
1965. 43 Seiten, 39 Abb., 1 Tabelle. DM 27,60

HEFT 1581
Prof. Dr.-Ing. habil. A. Matting und Dipl.-Ing. G. Wilkens, Hannover, in Zusammenarbeit mit der Forschungsgesellschaft Blechverarbeitung e.V., Düsseldorf
Rollnahtschweißen von Feinblechen verschiedener Beschaffenheit unter 0,5 mm mit besonderer Berücksichtigung verzinnter Bleche

HEFT 1598
Dr.-Ing. Hans Groebler, Dr. Julius Seeger und Dr. Carl Boller, Forschungsgesellschaft Blechverarbeitung e.V., Düsseldorf
Verschleißmessungen an Überzügen auf Metalloberflächen *In Vorbereitung*

HEFT 1599
Prof. Dr.-Ing. habil. A. Matting, Dr.-Ing. K. Ulmer und Ing. G. Hennig, Institut A für Werkstoffkunde der Technischen Hochschule Hannover, in Zusammenarbeit mit der Forschungsgesellschaft Blechverarbeitung e.V., Düsseldorf
Metallkleben *In Vorbereitung*

HEFT 1600
Prof. Dr.-Ing. habil. Adolf Dietzel, Würzburg, in Zusammenarbeit mit der Forschungsgesellschaft Blechverarbeitung e.V., Düsseldorf
Einfluß des Wasserdampfgehaltes der Ofenatmosphäre auf den Stahlblech-Emaillierprozeß
1966. 22 Seiten, 15 Abb. DM 14,80

HEFT 1601
Prof. Dr.-Ing. Dr. h.c. Herwart Opitz, Dr.-Ing. Wilfried König und Dipl.-Ing. Wolf-Dieter Neumann, Laboratorium für Werkzeugmaschinen und Betriebslehre der Rhein.-Westf. Technischen Hochschule Aachen
Streuwertuntersuchungen der Zerspanbarkeit von Werkstücken aus verschiedenen Schmelzen des Stahles C 45

HEFT 1607
Dr.-Ing. Eginhard Barz und Ing. Karl Oberwinter, Verein zur Förderung von Forschungs- und Entwicklungsarbeiten in der Werkzeugindustrie e.V., Remscheid
Zusammenwirken von Schraubenbetätigungswerkzeugen und Schrauben
Teil I
Untersuchung des zulässigen Größtspiels beim Anziehen von Sechskantschrauben mit Schraubenschlüsseln
TEIL II
Untersuchung der Anpassung von Schraubendrehern an Schlitzschrauben *In Vorbereitung*

HEFT 1613
Prof. Dr.-Ing. habil. Gerhard Oehler, Forschungsgesellschaft Blechverarbeitung e.V., Düsseldorf
Vergleich zwischen kalt und warm umgeformter Böden *In Vorbereitung*

HEFT 1614
Prof. Dr.-Ing. habil. Gerhard Oehler, Forschungsgesellschaft Blechverarbeitung e.V., Düsseldorf
Kräfte- und Leistungsermittlung an Rundbiegemaschinen *In Vorbereitung*

HEFT 1625
Dipl.-Ing. Johannes Hoischen, Verein zur Förderung von Forschungs- und Entwicklungsarbeiten in der Werkzeugindustrie e.V., Remscheid
Belastbarkeit und Abformgenauigkeit der Stempel beim Kalteinsenken *In Vorbereitung*

HEFT 1631
Dipl.-Ing. Heinz Peters, im Auftrage des Vereins zur Förderung von Forschungs- und Entwicklungsarbeiten in der Werkzeugindustrie e.V., Remscheid
Untersuchung von Kettenwerkzeugen auf die günstigste Gestaltung und Anordnung der Schneiden und Glieder
Teil I:
Entwicklung und Bau eines Versuchsstandes für die Untersuchung von Sägeketten *In Vorbereitung*

HEFT 1632
Dr.-Ing. Eginhard Barz und Dipl.-Ing. Ulrich Niemann, im Auftrage des Vereins zur Förderung von Forschungs- und Entwicklungsarbeiten in der Werkzeugindustrie e.V., Remscheid
Untersuchungen an schneidenden Zangen
Teil I
Untersuchung der unterschiedlichen Schneidenabnutzung bei schneidenden Zangen, insbesondere bei Vornschneidern
Teil II
Prüfverfahren für Zangen mit mehrfacher Übersetzung, insbesondere für Bolzenschneider
In Vorbereitung

HEFT 1696
o. Prof. em. Dr.-Ing. Dr.-Ing. E. h. Otto Kienzle und Dr.-Ing. Harry Neumann, Institut für Werkzeugmaschinen und Umformtechnik der Technischen Hochschule Hannover
Methoden zur Bestimmung des elastischen Verhaltens von Pressen beliebiger Breite
In Vorbereitung

HEFT 1697
Dipl.-Ing. Herbert Littnanski, Deutsche Forschungsgesellschaft für Blechverarbeitung und Oberflächenbehandlung e.V., Düsseldorf
Hartlöten mit Silberloten *In Vorbereitung*

HEFT 1698
Prof. Dr.-Ing. habil. Gerhard Oehler, Deutsche Forschungsgesellschaft für Blechverarbeitung und Oberflächenbehandlung e.V., Düsseldorf
Untersuchungen über das V-Biegen von Blechen
In Vorbereitung

HEFT 1737
Prof. Dr.-Ing. habil. Gerhard Oehler, Düsseldorf, Deutsche Forschungsgesellschaft für Blechverarbeitung und Oberflächenbehandlung e.V., Düsseldorf
Elastische Druckmittel
In Vorbereitung

Verzeichnisse der Forschungsberichte aus folgenden Gebieten können beim Verlag angefordert werden:
Acetylen/Schweißtechnik – Arbeitswissenschaft – Bau/Steine/Erden – Bergbau – Biologie – Chemie – Eisenverarbeitende Industrie – Elektrotechnik/Optik – Energiewirtschaft – Fahrzeugbau/Gasmotoren – Druck/Farbe/Papier/Photographie – Fertigung – Funktechnik/Astronomie – Gaswirtschaft – Holzbearbeitung – Hüttenwesen/Werkstoffkunde – Kunststoffe – Luftfahrt/Flugwissenschaften – Luftreinhaltung – Maschinenbau – Mathematik – Medizin/Pharmakologie/NE-Metalle – Physik – Rationalisierung – Schall/Ultraschall – Schiffahrt – Textilforschung – Turbinen – Verkehr – Wirtschaftswissenschaften.

WESTDEUTSCHER VERLAG · KÖLN UND OPLADEN
567 Opladen/Rhld., Ophovener Straße 1–3

MIX
Papier aus verantwortungsvollen Quellen
Paper from responsible sources
FSC® C105338

If you have any concerns about our products,
you can contact us on
ProductSafety@springernature.com

In case Publisher is established outside the EU,
the EU authorized representative is:
Springer Nature Customer Service Center GmbH
Europaplatz 3, 69115 Heidelberg, Germany

Printed by Libri Plureos GmbH
in Hamburg, Germany